口絵1　電解硫酸供給装置
（本文 p.21 参照）

口絵2　実験用遊星型ボールミル
（本文 p.32 参照）

口絵3　耐フッ素性光反応装置（著者撮影）
（本文 p.39 参照）

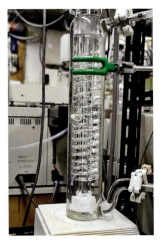

口絵 4 ヘンリー定数測定装置
（本文 p.84 参照）

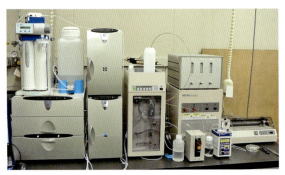

口絵 5 総フッ素分析装置（燃焼イオンクロマトグラフ）
（本文 p.89 参照）

化学の要点
シリーズ
24

フッ素化合物の
分解と環境化学

日本化学会 [編]

堀 久男 [著]

共立出版

『化学の要点シリーズ』編集委員会

編集委員長	井上晴夫	首都大学東京 人工光合成研究センター長・特任教授
編集委員 (50音順)	池田富樹	中央大学 研究開発機構 教授 中国科学院理化技術研究所 教授
	伊藤　攻	東北大学名誉教授
	岩澤康裕	電気通信大学 燃料電池イノベーション研究センター長・特任教授 東京大学名誉教授
	上村大輔	神奈川大学特別招聘教授 名古屋大学名誉教授
	佐々木政子	東海大学名誉教授
	高木克彦	有機系太陽電池技術研究組合 (RATO) 理事 名古屋大学名誉教授
	西原　寛	東京大学理学系研究科 教授

本書担当編集委員	高木克彦	有機系太陽電池技術研究組合 (RATO) 理事 名古屋大学名誉教授

『化学の要点シリーズ』
発刊に際して

　現在，我が国の大学教育は大きな節目を迎えている．近年の少子化傾向，大学進学率の上昇と連動して，各大学で学生の学力スペクトルが以前に比較して，大きく拡大していることが実感されている．これまでの「化学を専門とする学部学生」を対象にした大学教育の実態も大きく変貌しつつある．自主的な勉学を前提とし「背中を見せる」教育のみに依拠する時代は終焉しつつある．一方で，インターネット等の情報検索手段の普及により，比較的安易に学修すべき内容の一部を入手することが可能でありながらも，その実態は断片的，表層的な理解にとどまってしまい，本人の資質を十分に開花させるきっかけにはなりにくい事例が多くみられる．このような状況で，「適切な教科書」，適切な内容と適切な分量の「読み通せる教科書」が実は渇望されている．学修の志を立て，学問体系のひとつひとつを反芻しながら咀嚼し学術の基礎体力を形成する過程で，教科書の果たす役割はきわめて大きい．

　例えば，それまでは部分的に理解が困難であった概念なども適切な教科書に出会うことによって，目から鱗が落ちるがごとく，急速に全体像を把握することが可能になることが多い．化学教科の中にあるそのような，多くの「要点」を発見，理解することを目的とするのが，本シリーズである．大学教育の現状を踏まえて，「化学を将来専門とする学部学生」を対象に学部教育と大学院教育の連結を踏まえ，徹底的な基礎概念の修得を目指した新しい『化学の要点シリーズ』を刊行する．なお，ここで言う「要点」とは，化学の中で最も重要な概念を指すというよりも，上述のような学修する際の「要点」を意味している．

本シリーズの特徴を下記に示す.

1) 科目ごとに，修得のポイントとなる重要な項目・概念などを
わかりやすく記述する.

2)「要点」を網羅するのではなく，理解に焦点を当てた記述を
する.

3)「内容は高く」,「表現はできるだけやさしく」をモットーと
する.

4) 高校で必ずしも数式の取り扱いが得意ではなかった学生に
も，基本概念の修得が可能となるよう，数式をできるだけ使
用せずに解説する.

5) 理解を補う「専門用語，具体例，関連する最先端の研究事
例」などをコラムで解説し，第一線の研究者群が執筆にあた
る.

6) 視覚的に理解しやすい図，イラストなどをなるべく多く挿入
する.

本シリーズが，読者にとって有意義な教科書となることを期待して
いる.

『化学の要点シリーズ』編集委員会

井上晴夫（委員長）

池田富樹　伊藤　攻　岩澤康裕　上村大輔

佐々木政子　高木克彦　西原　寛

はじめに

　フッ素化合物，特に炭素・フッ素結合を持つ有機フッ素化合物はさまざまな産業に使われており，我々の生活にも必要不可欠な存在である．しかしながらその存在は一般の方にはもちろん，化学を専門とする学生諸君にもあまり知られていない．実際，私が授業をしている理学部化学科の1〜2年生にフッ素化合物が使われている製品にどんなものがあるか質問すると，フッ素加工のフライパンという答えしか返ってこない．家庭にあってすぐ目につく製品は限られているものの，フッ素化合物はパソコン，スマートフォン，自動車，エアコン，燃料電池，光ファイバー，医薬品，塗料，半導体製造プロセス等，あらゆるところで使われている．一方，フッ素化合物に限らず有機化合物の分解方法については，せいぜい加水分解という単語を覚えている程度で，水処理技術で有名なフェントン反応を知っている学生は皆無である．そうすると「フッ素化合物」＝「ほとんど知らない世界」，「分解」＝「ほとんど知らない世界」でその掛け算は事実上，「無の世界」になってしまう．大学は禅の修行道場ではないから無の境地では困るわけで，「無の世界」を「検出可能な有の世界」まで持っていきたいというのが私の希望するところである．

　フッ素化合物は耐熱性や耐薬品性に優れていることが大きな利点であるが，その裏返しで廃棄物や排水の分解処理は厄介である．分解・無害化は大変やりがいのある研究分野で，環境保全の世界では大きな位置を占めている．ところが化学出身者でそういう仕事に従事している人は少ない．ものを作るほうが壊すより面白そうだからであろうが，分解も化学反応なのでこのような分野こそ化学出身者

の活躍が期待できる．以上の背景から本書ではフッ素化合物の分解と環境化学的な挙動について，まったくの初心者でもわかるようにまとめてみた．第1章では水中の有機化合物を分解・無害化するさまざまな方法について紹介する．第2章ではそれらを踏まえ，フッ素化合物の種類別に分解方法を記述した．第3章ではフッ素化合物の地球規模での振舞いについて，昔から知られているクロロフルオロカーボン類（CFCs）や，近年になって生態系への影響が懸念されているPFOSやPFOAと呼ばれる化合物を中心に記述した．本書によりフッ素化合物に関する環境技術や環境化学の世界に少しでも関心を持っていただければ幸いである．

　最後に，大変残念なことにコラム欄を執筆して頂いた北海道大学の福嶋正巳先生は，2016年12月に心臓病で急逝された．福嶋先生と著者とは方法こそ違うものの，ともに環境負荷物質の分解・無害化方法の開発に従事し，産業技術総合研究所から大学に移った「脱藩の同志」であった．長年にわたるご厚情に感謝し，心よりご冥福をお祈りしたい．また，本書の執筆の機会を与えてくださいました上村大輔先生や，コメントを寄せていただいた高木克彦先生をはじめとする編集委員の皆様と，共立出版のご担当の皆様に感謝の意を表したい．

　2017年10月

堀　久男

目　　次

第１章　有機化合物を分解するさまざまな方法 ……………1

1.1　紫外線照射（UV）…………………………………………1
1.2　促進酸化法（AOP）…………………………………………8
1.3　フェントン反応（Fenton's reaction）………………………11
1.4　ペルオキソ二硫酸イオン…………………………………14
1.5　ペルオキソ一硫酸イオン（オキソン）……………………19
1.6　超音波照射………………………………………………22
1.7　熱水（亜臨界水，超臨界水）……………………………24
1.8　メカノケミカル反応………………………………………29
参考文献………………………………………………………33

第２章　フッ素化合物の分解方法……………………………**35**

2.1　なぜ分解技術の開発が必要なのか…………………………35
2.2　PFCA類の分解方法…………………………………………38
　2.2.1　ヘテロポリ酸光触媒……………………………………38
　2.2.2　$S_2O_8^{2-}$＋UV………………………………………40
　2.2.3　$S_2O_8^{2-}$＋温水……………………………………41
　2.2.4　$S_2O_8^{2-}$＋超音波照射……………………………42
　2.2.5　鉄イオンを用いたPFCA類の光触媒分解………………43
2.3　PFAS類の分解方法…………………………………………44
2.4　フッ素系イオン液体の分解方法……………………………45
2.5　フッ素系イオン交換膜（ポリマー）の分解方法……………47

viii　目　次

2.6　熱可塑性フッ素ポリマーの分解方法 ……………………48

参考文献 ………………………………………………51

第3章　フッ素化合物の環境化学 ……………………**53**

3.1　大気の構造 ………………………………………………53

3.2　海洋の構造 ………………………………………………59

3.3　成層圏のオゾン …………………………………………61

3.4　CFCs によるオゾン層の破壊 …………………………64

3.5　代替フロンと温暖化 ……………………………………72

3.6　有機フッ素化合物 PFOS, PFOA ……………………74

3.7　PFOS, PFOA の環境残留性と生体蓄積性 …………76

3.8　PFOS, PFOA の分析の難しさ ………………………79

3.9　PFOS, PFOA の物理化学的な性質 …………………82

3.10　PFOS, PFOA 問題の今後の動向 ……………………85

参考文献 ………………………………………………90

おわりに ……………………………………………**95**
索　引 ………………………………………………**97**

コラム目次

1. 水銀ランプと水俣条約　………………………………………………6

2. 全有機炭素量（TOC）　………………………………………12

3. 光フェントン反応　………………………………………16

4. 電解硫酸　………………………………………………20

5. キャビティ温度の求め方　………………………………………26

6. CFCs 等の地上大気濃度の地球規模長期連続観測　…………66

7. なぜオゾンホールは北極よりも南極で顕著なのか　…………71

8. PFOA 標準液は安定か？　………………………………80

9. ストックホルム条約　…………………………………86

10. 総フッ素分析で未知有機フッ素化合物を推定　………………88

第 1 章

有機化合物を分解するさまざまな方法

1.1 紫外線照射（UV）

　化学系の学科であれば学内のどこかに超純水製造装置があるに違いない．大半の学生諸君にとって，超純水は使うだけでその製造装置の内部を見ることはないだろう．紫外線照射（UV）はそのような装置の中で，水中に存在する有機化合物を分解したり，微生物の発生を抑制することに用いられている．紫外線照射はこうした用途のみならず，耐塩素性病原生物（例えばクリプトスポリジウム）を不活化（細胞の DNA を破壊して活動を停止させること）して水道原水を消毒したり，カキの養殖場で海水を殺菌したりすることにも用いられている．さらには半導体デバイスの製造におけるパターン形成作業（フォトリソグラフィー）等にも用いられており，光反応実験に用いるさまざまな紫外線照射装置も元来は半導体製造装置向けであったりする．

　紫外線とは波長が 100〜400 nm の電磁波であり，UV–A（400〜315 nm），UV–B（315〜280 nm），UV–C（280 nm 未満）の 3 つの波長領域に分けることがある．紫外線を照射するには当然ながらそれを発する光源（ランプ）が必要であり，水中の有機物の分解や水道水の消毒に使用される代表的なものに低圧水銀ランプと中圧水銀ランプがある．図 1.1 に低圧水銀ランプの発光強度の波長依存性を

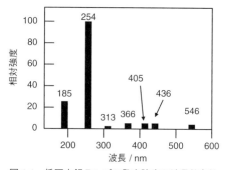

図 1.1　低圧水銀ランプの発光強度の波長依存性
水銀の輝線を棒表示した例で，図中の数値は輝線の波長を表している．
（出典：[1] p.80, 図 2.12.3）

示す [1]．低圧水銀ランプは主に 254 nm と 185 nm の波長の光を放射しており，前者は殺菌線，後者はオゾン線と呼ばれている．殺菌線という名称の由来は，細菌中の DNA の吸収スペクトルは 260 nm 付近に吸収極大があり，254 nm はその波長に近いため，この波長の光を照射すると DNA が効果的に破壊されて殺菌できることによる．一方 185 nm の光をオゾン線と呼ぶのは，この波長の光を空気に照射すると，空気中の酸素（O_2）からオゾン（O_3）が生成するためである．低圧水銀ランプの水銀は，アルゴンやネオンのような希ガスとともに石英製の発光管に収納されている（内部の水銀蒸気圧は約 1～10 Pa）．その発光管の材質の違いにより，オゾンレスランプとそうでないランプ（スタンダード，普通，オゾン，あるいは合成石英ランプと呼ばれる）に分けられる．オゾンレスランプは発光管が 200 nm 以下の光を吸収する種類の石英ガラスでできている場合で，主に殺菌線が照射される．一方オゾンレスでないランプは発光管が 200 nm 以下の波長の光もよく透過する合成石英ガラスでできている場合で，殺菌線とオゾン線の両方が照射される．一

般に消毒等の用途ではオゾンレスランプが用いられており,殺菌灯と呼ぶ場合もある.図 1.2 に低圧水銀ランプの写真を示す.

中圧水銀ランプは(ややこしいことに高圧水銀ランプとも呼ばれる),発光管内部の水銀蒸気圧を $10^5 \sim 10^6$ Pa に増やしたものである.殺菌に有効な紫外線の強度は低圧水銀ランプの 10 倍以上になっている.発光スペクトルは低圧水銀ランプの場合と異なり,図 1.3 のように紫外域から可視域までの幅広い波長範囲の光を発している [2].一見,水銀の輝線(特定の波長位置に見られる鋭いピーク)の強度が低圧水銀ランプより小さく見えても紫外線全体の発光強度は増加している.ただ高出力である一方で,電力から光への変換効率は低圧水銀ランプの半分程度である.このため低圧水銀ランプよりも多くの電力を必要とする.

紫外線の強度がさらに高いランプとして水銀キセノンランプがある.その発光強度の波長依存性を図 1.4 に示す.キセノンの紫外域から赤外域までの連続スペクトルと,紫外域から可視域に強い水銀

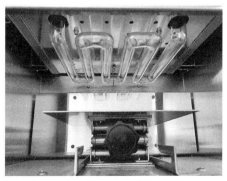

図 1.2 低圧水銀ランプの例(著者撮影)

容器の天井にランプがあり(ガラスの部分),下に置かれた試料に照射される.ランプはセン特殊光源株式会社製 PL 16-110.

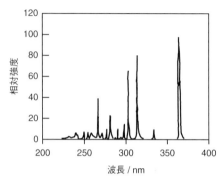

図1.3 中圧水銀ランプの発光強度の波長依存性
(出典:[2] p.2-20, Fig.2.13 b)

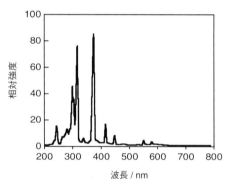

図1.4 水銀キセノンランプの発光強度の波長依存性
株式会社三永電機製作所製 L 2001-01 L の発光強度.(著者測定)

輝線スペクトル群が合わさっていることがわかる.

　紫外線照射による有機化合物の分解は,対象とする有機化合物の分子そのものが紫外線を吸収して反応する場合と,分解対象の有機化合物とは別の化合物が紫外線を吸収して反応性が高いラジカル種

を生成し,そのラジカルが対象とする有機化合物と反応する場合がある.前者の場合,照射する紫外線の波長は当然ながら対象とする有機化合物が吸収できる波長領域と一致しなければならない.図1.5にさまざまな化学結合(発色団)が吸収する波長領域 [3] を示す.

一方,分解対象の有機化合物とは別の化合物が紫外線を吸収して反応を起こすためには後節「1.2 促進酸化」や「1.3 フェントン反応」で説明するように,高い酸化力を持つラジカルの発生源となる試薬を使う場合が大半であるが,185 nm の紫外線(オゾン線)を照射して水分子そのものを励起させることも可能である.この励起によりOHラジカル(水酸ラジカル,hydroxyl radical)が生成し(1.1式),それが有機化合物の分解に使われるわけである.しかしながら 185 nm の紫外線は水に容易に吸収され,反応溶液中の内部まで届きにくい(照射面のごく近傍の水からしかOHラジカルが生

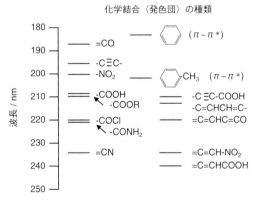

図 1.5 さまざまな化学結合の吸収波長
極大吸収波長の位置を表す.([3] pp.74–75 のデータをもとに作成)

6 第1章 有機化合物を分解するさまざまな方法

コラム1

水銀ランプと水俣条約

　国連環境計画（UNEP）は，2001年に地球規模での水銀汚染にかかわる活動を開始し，2002年に世界の水銀汚染の状況や人への健康影響をまとめたリスク評価書を公表した．その後，2009年2月に開催された第25回UNEP管理理事会において，水銀のリスク削減のための条約を設定するための政府間交渉委員会（INC）を設置し，2010年に交渉を開始して2013年までに取りまとめることが合意された．さらに2013年1月にジュネーブで開催された第5回政府間交渉委員会（INCV5）において条文案が合意され，条約の名称を「水銀に関する水俣条約」にすることが決定された．この年の10月に本条約に関する外交会議が熊本県で開催され，92ヶ国が署名を行い，2017年8月16日に発効した．水俣条約の内容については経済産業省のホームページ[1]に詳しく書かれているが，1.水銀条約発効後の新規の水銀鉱山の開発を禁止し，既存鉱山も発効後15年で採掘を停止すること，また水銀の輸出入は条約で認められた用途に限定すること，2.水銀添加製品については電池，蛍光灯（水銀を一定量以上含むもの），高圧水銀灯，スイッチ・リレー，温度計等計測機器の製造と輸出入を禁止すること（ただし代替できない製品に関する除外規定がある），3.製造プロセスにおいて水銀の使用を制限すること，4.大気への排出削減対策，例えば石炭火力発電所等を対象とした排出削減対策を実施すること，の4項目から構成されている．この条約の採択を受けて我が国では2015年7月に「水銀による環境の汚染の防止に関する法律」が公布され，その他の政省令と合わせて水銀含有製品の規制が行われることになった（一部の政令は条約よりも規

成しない）ため，高濃度の有機化合物を効果的に分解させることは難しい．

$$H_2O + h\nu\,(185\,\text{nm}) \rightarrow OH^\bullet + H^\bullet \tag{1.1}$$

制開始日が前倒しされている). 水銀は蛍光ランプや HID ランプ等の各種ランプに使用されているが, 本章で取り上げた低圧水銀ランプや中圧水銀ランプは規制されて使用禁止になってしまうのであろうか? 結論から言うと, この条約および関連する法律で規制されるランプは一般照明用であり, 殺菌や光化学反応, オゾン発生といった産業に欠かせない業務用のランプは「特殊用途」に指定され, この法律の適用が除外されているため, その使用や供給に当面は支障ない. しかしながら一般照明用が禁止され, 鉱山での採掘も禁止されるとなると, やがては製品の供給にも困難をきたす恐れもある. そのような観点から低圧水銀ランプや中圧水銀ランプを代替する紫外線発光ダイオード (UV–LED) の開発が盛んに行われており, すでに発光中心波長が 258 nm (発光波長領域としては 220〜320 nm) で殺菌効果曲線 (細菌中の DNA の吸収スペクトル) とほぼ重なる製品も存在する. 問題なのは 1 素子あたりの出力で, 現状では数〜数十 mW であり, 実用化のためには少なくとも 100 倍の高出力化が必要である. また, 寿命が短いといった欠点もある. しかし, UV–LED の開発は国際的にも多数の企業が取り組んでおり, 展示会の資料をみると着実に進歩している. やがては青色 LED の場合のように実用に耐えうる製品が出てくると予想される.

[1] 経済産業省:「水銀に関する水俣条約について」http://www.meti.go.jp/policy/chemical_management/int/files/mercury/syoui 2_4.pdf (アクセス 2017 年 7 月 31 日)

(堀　久男)

　紫外線を照射することのみで有機化合物を分解させることは単純すぎて反応の効率が低いように思うかもしれないが, 有機化合物の中には OH ラジカルによる酸化分解を受けにくいものもある. そのような場合には OH ラジカルの発生源となる試薬を入れずに紫外線

を照射するほうが効果的に分解できる場合がある．このような例として環境残留性が高い有機フッ素化合物の代表的な存在であるペルフルオロオクタン酸（$C_7F_{15}COOH$，略称 PFOA）がある．PFOA は水銀キセノンランプから紫外線を照射することで図 1.6 に示したように，フッ化物イオン（F^-）と二酸化炭素（CO_2）を発生しながらペルフルオロアルキル基（$C_nF_{2n+1}-$，n：正の整数）がより短い化合物（この場合は $C_6F_{13}COOH$，$C_5F_{11}COOH$ 等）に逐次的に分解することが知られている [4]．このように紫外線照射のみで対象とする有機化合物を分解させる場合，その現象や方法を直接光分解（direct photolysis）という．

1.2 促進酸化法（AOP）

過酸化水素（H_2O_2）やオゾン（O_3）は有機化合物を酸化する能力を持っている．その酸化力の大小は酸化還元電位により表現され

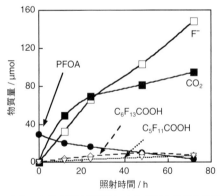

図 1.6 水中における紫外線照射による PFOA 分解の時間依存性
水銀キセノンランプ使用．（出典：[4] p.6120, Fig.3）

る．例えば H_2O_2 はさまざまな物質を酸化して自分自身は H_2O に還元されるが，その場合の H_2O_2 の化学変化は 1.2 式により表現できる．このような化学反応式に電子が含まれる式を半反応式と言う．

$$H_2O_2 + 2\,H^+ + 2\,e^- \rightleftharpoons 2\,H_2O \tag{1.2}$$

標準水素電極を基準にした場合の酸化還元電位を標準酸化還元電位（あるいは標準電極電位）と呼ぶが，1.2 式の反応に相当する標準酸化還元電位は 1.77 V である [5]．O_3 も有機化合物を酸化して自分自身は H_2O と O_2 に還元されるが，その半反応式は 1.3 式のように表される．

$$O_3 + 2\,H^+ + 2\,e^- \rightleftharpoons O_2 + H_2O \tag{1.3}$$

この場合の標準酸化還元電位は 2.07 V である [5]．標準酸化還元電位の値が正に大きいほど酸化力は高いため，O_3 のほうが H_2O_2 よりも高い酸化力を持つことがわかる．

さて，促進酸化法（Advanced Oxidation Process，AOP）は O_3 や H_2O_2 を酸化剤としてそのまま利用するわけではなく，O_3 と H_2O_2 を同時に用いたり，O_3 や H_2O_2 に触媒や紫外線照射，あるいは超音波照射を組み合わせることで OH ラジカルを生成させ，その酸化力により水中の有機化合物を分解する方法である（図 1.7）．OH ラジカルの標準酸化還元電位は 1.4 式の場合で 2.7 V，1.5 式の場合で 1.8 V であるので [6]，O_3 や H_2O_2 をそのまま反応させる場合に比べて高い酸化力が期待できる．

$$OH^\bullet + H^+ + e^- \rightleftharpoons H_2O \tag{1.4}$$

$$OH^\bullet + e^- \rightleftharpoons OH^- \tag{1.5}$$

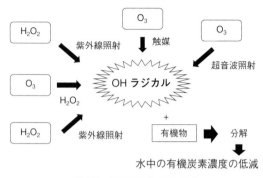

図 1.7 促進酸化法の概念図

OHラジカルは有機化合物に対して水素引き抜き反応 (1.6 式), 不飽和結合への付加反応 (1.7 式), 芳香環への付加反応 (1.8 式), 電子移動反応 (1.9 式) を起こす [7,8]. これにより水中の全有機炭素量 (TOC, コラム 2 参照) を低減させることができる.

$$RH + OH^\bullet \rightarrow R^\bullet + H_2O \tag{1.6}$$

$$\underset{}{\text{C=C}} + 2OH^\bullet \longrightarrow \underset{HO\quad OH}{\text{C-C}} \tag{1.7}$$

$$R\text{—}\bigcirc \xrightarrow{OH^\bullet} R\text{—}\bigcirc^{OH}_H \xrightarrow{OH^\bullet} R\text{—}\bigcirc\text{-}OH \tag{1.8}$$

$$R + OH^\bullet \rightarrow R^{\bullet+} + OH^- \tag{1.9}$$

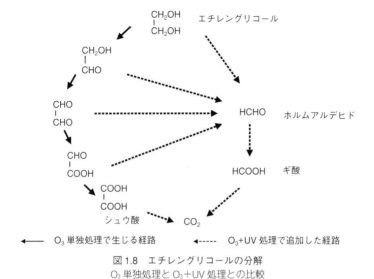

図 1.8 エチレングリコールの分解
O₃ 単独処理と O₃+UV 処理との比較

例えば水中のエチレングリコールの分解を，O_3 の単独処理と O_3 と紫外線照射を併用した方法（O_3+UV 法）とを比べると [9]，O_3 の単独処理ではシュウ酸（HOOCCOOH）で分解が止まってしまい水中の TOC はほとんど減少しないが，O_3+UV 法ではホルムアルデヒド（HCHO）を経てギ酸（HCOOH）が生成する経路が新たに起こり，生成した HOOCCOOH および HCOOH も CO_2 まで分解して水中の TOC を大幅に低減させることができる（図 1.8）．

1.3　フェントン反応（Fenton's reaction）

フェントン反応とは酸性の pH 領域で H_2O_2 と Fe^{2+} から OH ラジカルを発生させ，その酸化作用により水中の有機化合物を分解させ

12   第1章   有機化合物を分解するさまざまな方法

コラム2

全有機炭素量（TOC）

　水中に多種多様な環境に負荷を与える物質が入っている場合，各々の物質の個別の濃度を逐一測定するよりも，それらの物質に含まれる特定の元素の原子としての濃度を測定したほうが汚染の度合いを判断するのにふさわしい場合がある．特に有機物による水質汚染を評価する場合，環境水には有機酸やフミン酸，フェノール類，界面活性剤等の多種多様な化合物が含まれている．そこで有機化合物による水質汚染の指標として全有機炭素量（TOC, total organic carbon，全有機炭素とも言う）が用いられる．これは水中に溶解している有機化合物中に含まれる炭素原子の総量を意味し，飲料水から工業用水や排水，さらには超純水までさまざまな分野で水質の評価に使われている．例えば平成21年4月1日施行の水道水質基準の改正では TOC として $3\,mgL^{-1}$ の基準値が定められている．水中には有機化合物だけでなく大気中の二酸化炭素に由来する炭酸イオン（CO_3^{2-}），炭酸水素イオン（HCO_3^-）あるいは炭酸（H_2CO_3）のような無機化合物も存在する．このような二酸化炭素由来の無機化合物に含まれる炭素原子の総量は無機炭素量（IC, inorganic carbon）と呼ばれ，TOC と IC の合量が水中の全炭素量（TC, total carbon）となる．TOC の測定は以下のように TOC 計で行う．まず試料水を燃焼させて発生した CO_2 を赤外線ガス分析部で定量することで試料水中の TC を求める．次に試料水を pH 3 以下の酸性

る方法である．Fe^{2+} の供給源としては硫酸鉄(II)を用いる場合が多い．H_2O_2 と Fe^{2+} を含む反応剤をフェントン試薬という．

　H_2O_2 と Fe^{2+} が反応して OH ラジカルが生成することは 1950 年代から知られていた [10]．OH ラジカルの反応性を利用する方法なので上述の AOP の一種とも言える．Fe^{2+} は H_2O_2 により Fe^{3+} に酸化され，OH ラジカルと OH^- が生成する（1.10 式）．

にし，CO_3^{2-} および HCO_3^- をすべて H_2CO_3 にする．ここに CO_2 を含まないガスを通気すると H_2CO_3 は CO_2 となりガス相中に移るためそれを赤外線ガス分析部で定量する．これにより IC が測定される．TC から IC を引くことで TOC が求まる．このようにして TOC を求める手法は TC−IC 法と呼ばれる（図参照）．

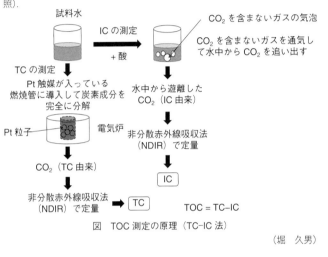

図　TOC 測定の原理（TC-IC 法）

（堀　久男）

$$Fe^{2+} + H_2O_2 \rightarrow Fe^{3+} + OH^{\bullet} + OH^- \tag{1.10}$$

この OH ラジカルが有機化合物と反応するわけであるが，1.10 式で生成した Fe^{3+} はさらに H_2O_2 と反応して Fe^{2+} とヒドロペルオキシルラジカル（$HO_2^{\bullet}$）を生成する（1.11 式）．HO_2 ラジカルも 1.12 式に示した反応のように電子を受け取る能力がある（標準酸化還元電位 1.50 V）ため，OH ラジカルほどではないが有機化合物に対し

14 第1章 有機化合物を分解するさまざまな方法

て酸化剤として作用する。また1.11式で再生したFe^{2+}はさらにH_2O_2と反応するので触媒的に有機化合物が分解することになる。

$$Fe^{3+} + H_2O_2 \rightarrow Fe^{2+} + HO_2^{\bullet} + H^+ \tag{1.11}$$

$$HO_2^{\bullet} + H^+ + e^- \rightleftharpoons H_2O_2 \tag{1.12}$$

この方法で土壌中や地下水中のトリクロロエチレンやベンゼン等の揮発性有機汚染物質（Volatile Organic Compounds, VOC）を分解する例は多く報告されている。土壌を浄化する際にはフェントン試薬を帯水層に注入し、生成した OH ラジカルの酸化力により、対象物質を分解させる。その際、土壌を大規模に掘削したり、他の場所に運んだりする必要がなく、原位置での処理が可能である。地面の上に建物が立っていても構わないし、処理時間も短期間で済むため、広く用いられている（図1.9）。トリクロロエチレンを分解した例［11］を図1.10に示す。トリクロロエチレンは OH ラジカルにより炭素・炭素二重結合が開裂し、酸化分解してCO_2とCl^-となり無害化される。この反応の進行に伴い、土壌中に水酸化鉄（III）（$Fe(OH)_3$）が生成するが、これは無害なので土壌中に残っても二次汚染の懸念はない。この方法は土壌の浄化に限らず、難分解性の有機化合物や重金属を含む排水、微生物処理では分解できない物質の排水の分解処理に有効である。もちろん排水処理の場合には沈殿物（汚泥、スラッジという）が発生するのでその処理は必要である。

1.4　ペルオキソ二硫酸イオン

ペルオキソ二硫酸イオン（$S_2O_8^{2-}$）には有機化合物を酸化する能

1.4 ペルオキソ二硫酸イオン　15

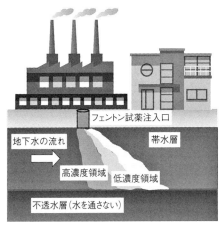

図 1.9　フェントン試薬による汚染土壌の原位置浄化の説明図
清水建設のウェブサイト：「フェントン処理（原位置化学的酸化処理）」http://www.shimz.co.jp/tw/tech_sheet/rn 0241/rn 0241.html を参考にして作成．（アクセス 2017 年 8 月 23 日）

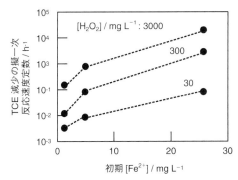

図 1.10　フェントン試薬によるトリクロロエチレン（TCE）分解の速度定数と Fe^{2+} イオンおよび H_2O_2 濃度との関係
（出典：[11] p.338，Fig.2）

16   第1章　有機化合物を分解するさまざまな方法

コラム3

光フェントン反応

　フェントン反応は，排水中のフェノールなど有機汚染物質の酸化分解などに適用される．この反応では，図の式 (1) に示すように，Fe^{2+} により H_2O_2 が分解して生成する水酸ラジカル（$HO^{\bullet}$）が活性酸素種として作用して，フェノールを式 (2) のように分解する．しかし，この方法では式 (3) のように $Fe(III)$ 水酸化物が生成し，式 (4)–(9) に示す Fe^{2+} への還元と H_2O_2 の再生を阻害する．また，$Fe(OH)_3$ スラッジが生成するため，$FeSO_4$ と H_2O_2 を逐次添加する必要がある．このようなフェントン反応が抱える問題点を解決する一つの方法として，光フェントン反応が挙げられる．光フェントン反応では，$FeSO_4$ と H_2O_2 を用いて式 (1) の反応を起こす．式 (10) に示したように，式 (3) および式 (4) で生成した $Fe(OH)^{2+}$ は紫外光の照射により Fe^{2+} と $HO^{\bullet}$ に分解され，$Fe(OH)_3$ スラッジの生成を大幅に抑制するとともに，式 (5)–(9) で示した触媒反応を促進する．また式 (11) に示したように，フェノールと $Fe(III)$ の錯体への光照射は Fe^{2+} への還元を促進し，反応効率を向上させる．

力がある．有機化合物の酸化に伴い，自分自身は硫酸イオンに還元される．その場合の $S_2O_8^{2-}$ の化学変化は 1.13 式に示す半反応式で表現でき，その標準酸化還元電位は 1.39 V である [12]．この値を H_2O_2 の標準酸化還元電位（1.77 V，1.2 式）と比べると，$S_2O_8^{2-}$ の酸化力は H_2O_2 よりもやや低いことがわかる．

$$S_2O_8^{2-} + e^- \rightleftharpoons SO_4^{\bullet-} + SO_4^{2-} \tag{1.13}$$

$S_2O_8^{2-}$ に紫外線を照射すると硫酸イオンラジカル（$SO_4^{\bullet-}$）が生成する（1.14 式）．

$$Fe^{2+} + H_2O_2 \longrightarrow Fe^{3+} + HO\cdot + OH^- \tag{1}$$

$$\text{(phenol)} + HO\cdot \longrightarrow \cdots \xrightarrow{O_2} \cdots O_2^{\cdot} \longrightarrow \cdots \longrightarrow CO_2 \tag{2}$$

$$Fe^{3+}+OH^- \rightleftharpoons FeOH^{2+}, FeOH^{2+}+OH^- \rightleftharpoons Fe(OH)_2^+, Fe(OH)_2^++OH^- \rightleftharpoons Fe(OH)_3 \tag{3}$$

$$Fe^{2+} + HO\cdot \longrightarrow FeOH^{2+} \tag{4}$$

$$Fe^{3+} + H_2O_2 \longrightarrow Fe^{2+} + HO_2\cdot + H^+ \tag{5}$$

$$Fe^{3+} + HO_2\cdot \longrightarrow Fe^{2+} + O_2 + H^+ \tag{6}$$

$$H_2O_2^+ + HO\cdot \longrightarrow HO_2\cdot + H_2O \tag{7}$$

$$2HO_2\cdot \longrightarrow H_2O_2 + O_2 \tag{8}$$

$$2HO\cdot \longrightarrow H_2O_2 \tag{9}$$

$$FeOH^{2+} \xrightarrow{h\nu} Fe^{2+} + HO\cdot \tag{10}$$

$$\text{(phenyl)}\!-\!O\!-\!Fe(III) \xrightarrow{h\nu} \text{(phenyl)}\!-\!O\cdot + Fe(II) \tag{11}$$

図 フェントン反応及び光フェントン反応プロセス

(北海道大学大学院工学研究科 福嶋正巳)

$$S_2O_8^{2-} + h\nu \rightarrow 2\,SO_4^{\cdot -} \tag{1.14}$$

この光反応は量子収率が200%，つまり$S_2O_8^{2-}$に光子が1個当たると$SO_4^{\cdot -}$が2分子生成するため非常に高効率である [13]．$SO_4^{\cdot -}$は1.15式のように酸化剤として働き，この反応に対応する標準酸化還元電位は2.5〜3.1Vである [14]．

$$SO_4^{\cdot -} + e^- \rightleftharpoons SO_4^{2-} \tag{1.15}$$

この標準酸化還元電位はOHラジカルの場合（1.4式では2.7V，1.5

式では 1.8 V）と比べると，同程度かそれ以上である．標準酸化還元電位の値が OH ラジカルと類似しているだけでなく，$SO_4^{\bullet-}$ は OH ラジカルよりも多くの有機化合物を酸化する反応速度が大きいため，近年多くの研究例がある．この方法で 2,4-ジクロロフェノール（2,4-DCP）を分解した場合の TOC の反応時間依存性を図 1.11 に示す [15]．ここでは $S_2O_8^{2-}$ の供給源として $K_2S_2O_8$ を用いている．2,4-DCP の水溶液に $K_2S_2O_8$ を添加して紫外線照射を行うと，紫外線照射のみ用いた場合よりも TOC の減少が顕著に生じていることがわかる．

1.13 式に生成物として $SO_4^{\bullet-}$ があることに注意してほしい．つまり 1.14 式のように紫外線を照射しなくても $S_2O_8^{2-}$ をある物質と反応させることで $SO_4^{\bullet-}$ を生成させ，それを別の物質の分解に利用することもできそうである．例えば $S_2O_8^{2-}$ の水溶液に Fe^{2+} を入れると何が起こるか考えてみよう．Fe^{2+} については Fe^{3+} との間に 1.16 式のような半反応式がある．

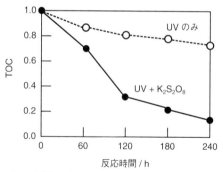

図 1.11　$K_2S_2O_8$ ＋UV 照射を用いた 2,4-DCP 分解反応における TOC の時間依存性（反応前を 1 とした相対値）
　2,4-DCP 初期濃度は 0.123 mM．（[15] p.159, Fig.7 より抽出）

$$Fe^{3+} + e^- \rightleftharpoons Fe^{2+} \tag{1.16}$$

この場合の標準酸化還元電位は $0.77\,V$ である．これに対して $S_2O_8{}^{2-}$ から $SO_4{}^{\bullet-}$ が生成する場合（1.13式）の標準酸化還元電位は $1.39\,V$ であった．このことは熱力学的には $S_2O_8{}^{2-}$ と Fe^{2+} の間で 1.17 式のような反応が可能であることを意味する．

$$S_2O_8{}^{2-} + Fe^{2+} \rightarrow SO_4{}^{\bullet-} + SO_4{}^{2-} + Fe^{3+} \tag{1.17}$$

このように $S_2O_8{}^{2-}$ と金属イオンを組み合わせて $SO_4{}^{\bullet-}$ を発生させることでさまざまな有機化合物を分解することができるが [16]，実際には $S_2O_8{}^{2-}$ は 1.18 式のように水分子とも反応して硫酸水素イオン（$HSO_4{}^-$）と H_2O_2 が生成する．ここに Fe^{2+} が存在すると 1.10 式に示したフェントン反応が起きて OH ラジカルが生成する．このため $S_2O_8{}^{2-}$ と金属イオンを組み合わせた反応系では $SO_4{}^{\bullet-}$ と OH ラジカルの両方が有機化合物を分解する活性種として振舞っていると考えられている．

$$S_2O_8{}^{2-} + 2\,H_2O \rightarrow 2\,HSO_4{}^- + H_2O_2 \tag{1.18}$$

1.5 ペルオキソ一硫酸イオン（オキソン）

前節の $S_2O_8{}^{2-}$ と類似した酸化剤としてペルオキソ一硫酸イオン（$HSO_5{}^-$）がある．これは $2\,KHSO_5 \cdot KHSO_4 \cdot K_2SO_4$ という複塩の形（商品名：オキソン，Oxone）で市販されている．Oxone $1\,mol$ を水に溶かせば $2\,mol$ の $HSO_5{}^-$ が発生することになる．$HSO_5{}^-$ は 1.19 式のように電子を受け取って $SO_4{}^{2-}$ になるが，その場合の標準酸化還元電位は $1.75\,V$ である [12]．さらに $HSO_5{}^-$ は紫外線照射（1.20

20　第 1 章　有機化合物を分解するさまざまな方法

コラム 4

電解硫酸

　半導体製造工程では露光技術を使ってシリコンウェハ上に半導体素子を含む電気回路を形成する．このとき多用される感光性樹脂（レジスト）は使用後に硫酸と過酸化水素を混合して調製した SPM（Sulfuric Acid Hydrogen Peroxide Mixture）によって酸化除去されるが，SPM 中の過酸化水素等の酸化剤は分解が速く調製後の濃度低下が著しいため繰返し使用が困難であった．新しく開発された「電解硫酸」は硫酸の電気分解によって製造したペルオキソ二硫酸を主な酸化剤として含有する洗浄液である．電解硫酸は，分解が遅く濃度維持が容易なため繰返し使用でき，SPM と同等の酸化力を有する．また，電気化学的に極めて安定な導電性ダイヤモンド電極により硫酸をオンサイト電解して製造するため，金属イオンを含まず高清浄である．高価な過酸化水素を使用せず，SPM と置き換わることで半導体製造コストを削減できる洗浄液として注目されている．さらに，電解硫酸は，組成構成（酸化剤：ペルオキソ二硫酸・ペルオキソー硫酸・過酸化水素・オゾン，組成物：硫酸・水）によって異なる洗浄特性を示し，室温使用や保管ができ，ラジカル生成試薬であって SPM と大きく異なる特性を備えている．最近では SPM で溶解してしまう材料の洗浄や，難分解性有機物の分解など，半導体製造分野以外への展開も検討されている．

式）や，金属イオンとの反応によって $SO_4^{\bullet-}$ を生成し，このラジカルにより有機化合物を分解できる．

$$HSO_5^- + e^- \rightleftharpoons SO_4^{2-} + OH^\bullet \tag{1.19}$$

$$HSO_5^- + h\nu \rightarrow SO_4^{\bullet-} + OH^\bullet \tag{1.20}$$

例えば Oxone と Co^{2+} を共存させた場合には 1.21〜1.22 式のような反応が生じて $SO_4^{\bullet-}$ が発生する．これが有機化合物を酸化分解する

図　電解硫酸供給装置
→口絵1参照

(デノラ・ペルメレック株式会社　加藤昌明)

と同時に,最終的に Co^{2+} は Co^{3+} に酸化される(1.23式)[16].

$$Co^{2+} + H_2O \rightleftharpoons CoOH^+ + H^+ \tag{1.21}$$

$$CoOH^+ + HSO_5^- \rightarrow CoO^+ + SO_4^{\bullet -} + H_2O \tag{1.22}$$

$$CoO^+ + 2H^+ \rightleftharpoons Co^{3+} + H_2O \tag{1.23}$$

この方法により,水中の2,4-DCPを,フェントン反応を用いる場

22　第1章　有機化合物を分解するさまざまな方法

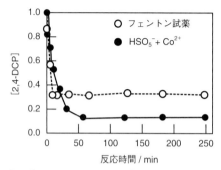

図1.12　$HSO_5^-+Co^{2+}$ あるいはフェントン試薬を用いた2,4-DCP分解反応における2,4-DCP濃度の時間依存性（反応前を1とした相対値）
2,4-DCPの初期濃度は0.307 mM，酸化剤のモル濃度は2,4-DCP初期モル濃度の2倍．pHは3.0である．（出典：[16] p.4793, Fig. 2 C）

合よりも効果的に分解することができる（図1.12）．

1.6　超音波照射

　水中に高出力の超音波を照射すると溶解している気泡が圧縮，膨張を繰り返す．図1.13にその様子を示す．超音波は疎密波であり，水中に密度の疎な部分と密な部分が次々とできて伝わっていく．疎の部分では水を引き裂くような力が働くために微小な気泡が発生し，膨張する．この微小な気泡をキャビティと言う．一方密の部分では押しつぶそうとする力が働くため生成した気泡は収縮する[17]．これを繰り返すと気泡は断熱的に崩壊してミクロな高温高圧場が発生する．そのミクロな場における温度，圧力は数千℃，数百気圧に達する．超音波照射による反応場はキャビティの内部，キャビティ界面（気体と液体の界面），キャビティ外部の溶液部分

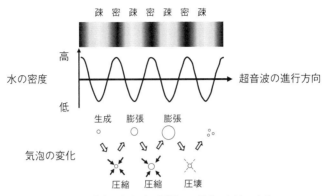

図 1.13 水中に超音波を照射した場合の気泡の変化
（[17] p.132，図1を参考にして作成）

の3つから成り立っている．キャビティの内部は5000 K以上，1000気圧以上であり，ここでは蒸発した溶質の熱分解が起こる．また，水を媒体として用いた場合には水分子が分解してOHラジカルが生成する．キャビティ界面も約2000 Kとなっており，溶質の熱分解反応や，キャビティ内から移動してきたOHラジカル等の活性なラジカルと溶質との反応が起こる．キャビティ外部は常温，常圧の液相で，キャビティの界面から移動してきた活性なラジカルと溶質との反応が起こる．したがって超音波照射による水中の有機化合物は，熱分解やOHラジカルによる酸化によって引き起こされるが，熱分解とOHラジカルによる酸化のどちらが優先するかは有機化合物の種類によって異なる．図1.14に我々が使用した超音波反応装置の例を示す[18]．実験は以下のようにして行う．まず超音波が照射される反応水槽に分解させたい有機化合物を含む水を入れて雰囲気ガスを導入する．この水をステンレス製ポンプにより水全体の温度を室温付近に保つための恒温槽に送り，さらに元の反応水槽に

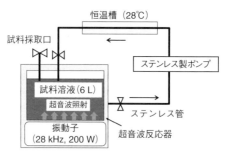

図 1.14 超音波反応装置の構成例

戻して循環させる．一定時間ごとに試料水の一部を採取して分析すれば有機化合物の濃度減少の様子を観測できる．

例としてオゾン層破壊物質（第 3 章 3.4 節で詳しく述べる）であるクロロフルオロカーボン類の一種の CFC-113（CCl_2FCClF_2）を，超音波照射で分解した場合の水中 CFC-113 濃度の超音波照射時間依存性を図 1.15 に示す [19]．ここではさまざまな水相体積と気相体積，さらには気体の種類を変えた実験をしている．気相の体積が小さくなるほど，さらには気相が空気の場合よりもアルゴンの場合のほうが CFC-113 の分解が顕著に起こることがわかる．この原因としては，超音波反応は水相中で行われ，気相中では行われないため，気相の体積が小さくなるほど水中の CFC-113 の濃度が高まって反応が効果的に起こることや，アルゴンの場合のほうが空気よりも水中に発生するキャビティ内の温度が高いことが考えられている．

1.7 熱水（亜臨界水，超臨界水）

フェントン反応でも分解しにくい安定な有機化合物を分解する有

1.7 熱水（亜臨界水，超臨界水）

力な方法に亜臨界水や超臨界水と呼ばれる高温・高圧状態の水を使う方法がある．図1.16に水の状態図を示す．周知のように常温・常圧にある水（液体）は加熱すると100℃で沸騰する．常圧よりも高圧の下に置かれた水を加熱すると100℃よりも高温にしない

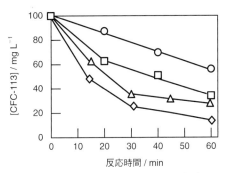

図1.15 CFC-113濃度の超音波照射時間依存性
密閉容器で水相とガス相の体積およびガスの種類を変えた実験．水相体積を一定（60 mL）として，○：ガス相（空気）体積 45 mL，□：ガス相（アルゴン）体積 45 mL，△：ガス相（アルゴン）体積 15 mL，◇：ガス相（アルゴン）体積 10.4 mL．（出典：[19] p.203, Fig.1）

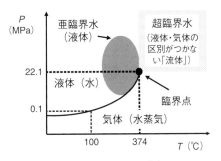

図1.16 水の状態図の模式図

26   第1章   有機化合物を分解するさまざまな方法

コラム 5

キャビティ温度の求め方

　極めて高温に達しているキャビティの温度はどのようにして測定するのだろうか？　代表的な測定方法として，ソノルミネッセンスの解析 [1] と反応速度論 [2] を用いる方法がある．ソノルミネッセンスとは，高温のキャビティから発せられる光のことである．光を発する物体の温度は，太陽などの恒星の温度を見積もる方法と同じ原理（黒体放射スペクトルを解析すること）で求められる．ソノルミネッセンスを利用するもう一つの方法としては，キャビティ内に金属カルボニル錯体を蒸発させて解析する方法がある．これは高温キャビティ内でこの錯体を金属原子に熱解離し，さらに熱励起された金属原子から発せられる線スペクトルを解析する方法であり，例えば，観察される2つの輝線の発光強度が温度によって影響を受けることを利用するものである．

　一方，反応速度論を利用する方法では，温度依存性を有する化学反応の解析を行う．例えば，*tert*-ブチルアルコール水溶液に超音波を照射したとき，*tert*-ブチルアルコールが高温キャビティ内で熱分解されメチルラジカルが生成される．このメチルラジカルは再結合反応等が進行し，エタン，エチレン，アセチレンが生成されるが，これらの反応には温度依存性があるため，生成されるエタン，エチレン，アセチレンの生成量比が図で見られるように温度によって変化する．例えば，*tert*-ブチルアルコール水溶液に超音波を照射したときに，（エチレン＋アセチレン）／エタンの生成量比が5となれば，図より，キャビ

と沸騰しない．この沸騰する温度とその場合の圧力をプロットしたものが蒸気圧曲線である．22.1 MPa にある水を加熱すると 374℃で沸騰するが，それ以上の圧力にある水を加熱しても沸騰という現象は見られなくなる．つまり蒸気圧曲線には終点がある．その終点を臨界点（374℃，22.1 MPa）と言う．さらに臨界点を超える温度・圧力の状態の水を超臨界水（supercritical water），臨界点より

ティ温度が3000 K, 比が10となれば反応温度が3400 Kであると見積もることができる.

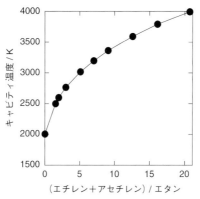

図 メチルラジカルの再結合反応等により生成されるエタン, エチレン, アセチレンの生成量比と反応温度の関係

[1] K. S. Suslick et al., *Ultrason. Sonochem.*, **18**, 842-846 (2011).
[2] K. Okitsu et al., *J. Phys. Chem. B*, **110**, 20081-20084 (2006).

(大阪府立大学大学院人間社会システム研究科　興津健二)

も低い領域にある高温・高圧の液体の水を亜臨界水 (subcritical water) と呼ぶ. 超臨界水は気体と液体の区別がつかない状態で「流体」と呼ばれる. 何℃以上の液体の水が亜臨界水なのか厳密な定義はない. 英英辞典ではsubはunderとかbelowと書いてあるので臨界点以下の液体の水ならsubcritical waterになる. このため文献によっては100℃以上と表現している場合もあり, 100℃が考

えられる最下限の温度であることは間違いないが,後で述べるように亜臨界水の特徴的な性質は200〜250℃以上で現れるため現実的には200℃程度以上と考えられる.また,超臨界水や亜臨界水を総称して熱水と呼ぶ(高温高圧水と呼ぶ場合もある).図1.17に25 MPaにおける水の比誘電率とイオン積の温度依存性を示す[20].比誘電率は常温付近では79だが300℃付近では20以下になっている.このため無極性の有機化合物を溶解することができるが,逆に,無機塩類等は溶解しにくくなる.またイオン積は常温付近で$10^{-14}\,mol^2/kg^2$だが300℃付近では$10^{-11}\,mol^2/kg^2$と常温の場合より3桁も高くなる.このことは水素イオン(H^+)濃度や水酸化物イオン(OH^-)濃度が増加して亜臨界水自体が酸触媒や塩基触媒として作用できることを意味する.このため有機化合物を何ら触媒を添加することなしに加水分解することができる.超臨界水の場合,密度は気体よりも液体に近い(例えば650 K,30 MPaで549 kg/m^3).このためさまざまな化合物を溶解することができる.また粘

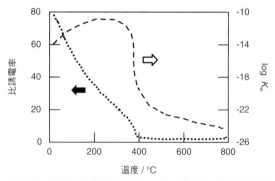

図1.17　25 MPaにおける水の比誘電率とイオン積(K_w)の温度依存性
　K_wの単位はmol^2/kg^2.比誘電率は無次元である.(出典:[20] p.38, Fig.2)

度は小さくて気体に近く，拡散係数は気体よりは小さいが液体よりは大きく，熱伝導率は液体に近いという特徴を持っている．

亜臨界水や超臨界水を用いて安定な有機化合物を分解する例は枚挙にいとまがないが，ここでは超臨界水酸化（Supercritical Water Oxidation, SCWO）について紹介したい．この方法は名称からはわからないが O_2 ガスを酸化剤として用いており，有機化合物を温度 $600\sim650℃$，圧力 25 MPa 程度の超臨界水中で反応させて分解する方法である [21]．この方法が対象とする有機化合物や酸素ガスは超臨界水とほぼ完全な均一相を形成しており，酸化分解が容易に起こる．有機化合物中の炭素原子と水素原子は CO_2 と H_2O まで分解され，ハロゲン原子は対応する無機イオンに，窒素原子は硝酸イオンや亜硝酸イオンに，硫黄原子は硫酸イオンまで酸化される．この場合の O_2 による有機化合物の分解反応は燃焼反応と同様に，OH ラジカル等を活性種としたラジカル機構で進行すると考えられている．例えば SCWO 法によるメタノール（CH_3OH）の分解ではホルムアルデヒド（CH_2O），一酸化炭素（CO）を経て CO_2 まで進行するが（図 1.18）[22]，速度論的な解析により，OH ラジカルと HO_2 ラジカルが重要な役割を果たしていることが明らかとなっている（図 1.19）．SCWO 法はトリニトロトルエンやポリ塩化ビフェニル（PCB）のプラント規模での分解に応用されている [23, 24]．図 1.20 に有機溶媒の分解処理に使用されている産業用リアクターの写真を示す．

1.8 メカノケミカル反応

これまで述べてきたさまざまな分解方法は水中に存在する有機化合物を対象にしたものであった．しかしそのほとんどは対象とする

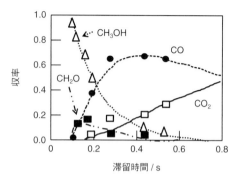

図 1.18　CH$_3$OH の SCWO 分解
反応温度は 570℃．プロットは実験値．曲線は速度論的計算によるフィッティングの結果を表す．（出典：[22] p.15838, Fig.4)

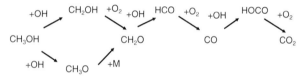

図 1.19　SCWO 法によるメタノール分解の反応機構
M は第 3 体（触媒）．([22] p.15841, Fig.7 より抽出）

有機化合物が水中に溶解している場合であって，1.7 節の熱水反応のみ常温・常圧状態で水に溶解していない有機化合物にも適用可能な方法である．ところが分解方法の中には水が無関係なものもあり，その代表例がメカノケミカル反応である．これは有機化合物や無機化合物を粉砕して微細化する過程で発生する圧力やせん断力，さらには発生するラジカル種や局所的な摩擦熱や摩擦電気により化学結合が切断されたり，エネルギー状態が高い表面ができることを利用する方法である．対象としては硬い固体が適しており，ゴム状

1.8 メカノケミカル反応　31

図1.20　有機溶媒の分解処理に用いる産業用超臨界水リアクター
1日あたり1トンの処理能力を持つ．（写真提供：オルガノ株式会社）

のポリマーのようなものは単に伸びるだけで細かくならないため適さない．粉砕という機械的な処理を利用することからメカノケミカル反応と呼ばれる．この方法はもともと無機化合物や金属の複合化や合金化の方法として発展したもので，要するに新物質の合成方法であった．今ではジクロロジフェニルトリクロロエタン（DDT）やPCB，さらにはダイオキシンといった有害性が高い有機ハロゲン化合物の分解に使用され，土壌の浄化にも応用されている．反応はボールミルで行われる．図1.21にその代表的な機種である遊星型ボールミルの写真を示す．また，その装置を用いた場合の反応の模式図を図1.22に示す．反応は以下のようにして行う．まず試料（分解させたい化合物）と分解反応を促進する助剤（例えば酸化カルシウムのような無機塩），およびこれらを粉砕するためのボール

32　第1章　有機化合物を分解するさまざまな方法

図 1.21　実験用遊星型ボールミル

2つの試料容器で1組になっている．(写真提供：フリッチュ・ジャパン株式会社，装置名 Fritsch P-7)　→口絵2参照

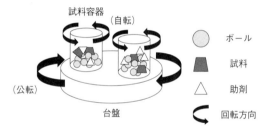

図 1.22　遊星型ボールミルを用いたメカノケミカル反応の模式図

(メノウやステンレス鋼等でできている) を装置内の試料容器に入れる．この装置を作動させると台盤が時計方向に回転し (公転と言う)，同時に試料容器は反時計方向に回転する (自転と言う)．これにより試料容器内の試料や助剤がボールと十分に接触して反応が起こるわけである．図 1.23 に粘土 (カオリン) 中のヘキサブロモシクロドデカン (HBCD) をメカノケミカル処理した場合の結果を示す [25]．

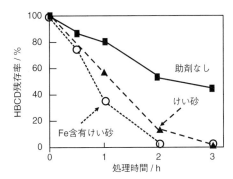

図 1.23 メカノケミカル処理を行った場合の粘土中の HBCD 残存率の時間依存性

HPCD 初期濃度は 500 mg/kg,助剤はケイ砂あるいは Fe 含有ケイ砂.
([25] p.44,Fig.6 a より抽出)

参考文献

[1] 和田洋六:『用水・排水の産業別処理技術』東京電機大学出版局(2011).
[2] United States Environmental Protection Agency, *UV disinfection Guidance Manual for the Final Long Term 2 Enhanced Surface Water Treatment Rule*(2006).
[3] 泉 美治,小川雅彌,加藤俊二,塩川二朗,芝 哲夫監修:『機器分析の手引き—IR NMR MS UV—データ集』化学同人(1990).
[4] H. Hori, E. Hayakawa, H. Einaga, S. Kutsuna, K. Koike, T. Ibusuki, H. Kitagawa, R. Arakawa, *Environ. Sci. Technol*., **38**, 6118(2004).
[5] 日本化学会編:『化学便覧基礎編改訂 5 版』II-582,丸善(2004).
[6] G. V. Buxton, C. L. Greenstock, W. P. Phillip, A. B. Ross, *J. Phys. Chem. Ref. Data*, **17**, 513(1988).
[7] 松浦輝男:『酸素酸化反応』丸善(1977).
[8] 日本化学会編:『季刊化学総説 No.7,活性酸素種の化学』学会出版センター(1990).
[9] 高橋信行,辰巳憲司:日本化学会誌,**5**,763(1988).
[10] W. G. Barb, J. H. Baxendale, P. George, K. R. Hargrave, *Trans. Faraday Soc*., **47**, 591(1951).

34 第 1 章　有機化合物を分解するさまざまな方法

[11] K. R. Weeks, C. J. Bruell, N. R. Mohanty, *Soil. Sediment Contam.*, **9**, 331 (2000).

[12] C. Brandt, R. van Eldik, *Chem. Rev.*, **95**, 119 (1995).

[13] L. Dogliotti, E. Hayon, *J. Phys. Chem.*, **71**, 2511 (1967).

[14] P. Neta, R. E. Huie, A. B. Ross, *J. Phys. Chem. Ref. Data*, **17**, 1027 (1988).

[15] G. P. Anipsitakis, D. D. Dionysiou, *Appl. Catal. B: Environmental*, **54**, 155 (2004).

[16] G. P. Anipsitakis, D. D. Dionysiou, *Environ. Sci. Technol.*, **37**, 4790 (2003).

[17] 興津健二：『各種手法による有機物の分解技術』第 1 章，第 11 節，情報機構 (2007).

[18] H. Hori, Y. Nagano, M. Murayama, K. Koike, S. Kutsuna, *J. Fluorine Chem.*, **141**, 5 (2012).

[19] Y. Nagata, K. Hirai, K. Okitsu, T. Doumaru, Y. Maeda, *Chem. Lett.*, **24**, 203 (1995).

[20] J. W. Tester, H. R. Holgate, F. J. Armellini, P. A. Webley, W. R. Killilea, G. T. Hong, H. E. Barner, *ACS Symp. Ser.*, **518**, Chap.3 (1993).

[21] 碇屋隆雄監修：『超臨界流体反応法の基礎と展開』，鈴木　明：第 IV 章「応用展開」シーエムシー出版 (1998).

[22] E. E. Brock, Y. Oshima, P. E. Savage, J. R. Barker, *J. Phys. Chem.*, **100**, 15834 (1996).

[23] S. B. Hawthorne, A. J. M. Lagadec, D. Kalderis, A. V. Lilke, D. J. Miller, *Environ. Sci. Technol.*, **34**, 3224 (2000).

[24] S.-I. Kawasaki, T. Oe, N. Anjoh, T. Nakamori, A. Suzuki, K. Arai, *Process Saf. Environ. Prot.*, **84**, 317 (2006).

[25] K. Zhang, J. Huang, H. Wang, K. Liu, G. Yu, S. Deng, B. Wang, *Chemosphere*, **116**, 40 (2014).

第2章

フッ素化合物の分解方法

2.1 なぜ分解技術の開発が必要なのか

　炭素原子とフッ素原子から形成される有機フッ素化合物は耐熱性，耐薬品性，界面活性等の優れた性質を持ち，我々の生活にも欠かすことのできない重要な化学物質である．その種類は低分子化合物から高分子化合物まで多岐にわたる．分子量が 100 程度の化合物は冷媒等に，数百程度の化合物は界面活性剤や表面処理剤に，数万以上の化合物，すなわちフッ素ポリマーはパッキン等の汎用品はもちろんのこと，イオン交換膜，光ファイバー，レジスト等の先端材料として利用されている [1-3]．個別の性質，例えば耐熱性だけを見ればポリイミド等の他の材料でも実現できるだろうが，有機フッ素化合物の特徴は上記のような優れた性質を同時に持つことにある．このように高い機能を持つ一方で，環境残留性や一部の物質が示す生体蓄積性，さらには廃棄物の分解処理が困難であるといった有機フッ素化合物の負の側面が近年になって顕著になっている．第3章で詳しく述べるが，環境水中で検出されているのは主に界面活性剤として用いられてきたペルフルオロアルキルスルホン酸類（PFAS 類，$C_nF_{2n+1}SO_3H$，n は正の整数）やペルフルオロカルボン酸類（PFCA 類，$C_nF_{2n+1}COOH$），ならびにそれらの関連物質である．中でもペルフルオロオクタンスルホン酸（$C_8F_{17}SO_3H$，PFOS）

やペルフルオロオクタン酸（$C_7F_{15}COOH$, PFOA）といった炭素数が8程度以上の化合物は生体蓄積性が高いため，使用や排出に関する規制が世界的に進行している．

有機フッ素化合物の利用に関しては原料である蛍石（ホタルイシ）（フッ化カルシウム，CaF_2の鉱物）の産出が特定国（中国）に偏在し，入手に制約が多いことも懸念材料となっている．図2.1に中国からの高純度蛍石の輸入量の経年変化を示す[4]．2009年以降，輸入量が明らかに減少していることがわかる．

有機フッ素化合物の環境リスクの低減のためには有害性の程度に応じて排水や廃棄物，さらには汚染地下水・土壌等の無害化を行う必要がある．しかしながら炭素・フッ素結合は炭素が形成する共有結合では最強なため容易に分解しない．焼却は可能であるものの，高温が必要であるだけでなく，生成するフッ化水素ガスによる焼却炉材の劣化が著しい．これらの物質をF^-まで分解できれば，既存の処理技術により環境無害なCaF_2に変換できる．CaF_2の鉱物は上

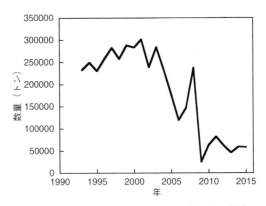

図2.1 蛍石（純度＞97％）の中国からの輸入量の推移
（[4]のデータベースより作成）

述のように蛍石であり,硫酸処理によりフッ素ポリマーを含むすべての有機フッ素化合物の原料であるフッ化水素酸になる.このため分解技術の開発はフッ素資源の循環利用にも貢献できる(図2.2).この場合,穏和な条件でF^-まで分解することが重要である.これまでにも電子線照射やプラズマ等の高エネルギー的な手法を使えばフッ素ポリマーさえも分解することは知られていた.しかしその場合,毒性が非常に高いペルフルオロイソブテン($CF_3C(CF_3)CF_2$,PFIB)や,地球温暖化係数(Global Warming Potential, GWP,第3章3.5節で説明する)が二酸化炭素の数千倍も高いテトラフルオロメタン(CF_4)等の有害ガスの発生が懸念されている.

以上の背景から著者らはPFAS類およびPFCA類,さらにはそれらの関連物質について,ヘテロポリ酸光触媒[5],ペルオキソ二硫酸イオン($S_2O_8^{2-}$)+紫外線照射(UV)[6-8],金属粉+亜臨界水[9-11],鉄イオン光触媒[12],$S_2O_8^{2-}$+温水[13, 14],酸素ガス+亜臨界水[15],$S_2O_8^{2-}$+超音波照射[16],酸化タングステン光触媒+$S_2O_8^{2-}$[17]等の手法によりF^-までの分解,すなわち無機化を達成してきた.近年は対象物質を環境中二次生成物[17],新規フッ素系界面活性剤[18, 19],フッ素系イオン交換膜

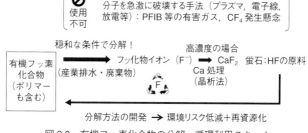

図2.2 有機フッ素化合物の分解・循環利用スキーム

38 第2章 フッ素化合物の分解方法

[20]，フッ素系イオン液体 [21, 22]，レジスト用光酸発生剤 [23]さらにはポリフッ化ビニリデン（PVDF，$-(CH_2CF_2)_n-$，VDF：フッ化ビニリデン）やエチレン・テトラフルオロエチレン共重合体（ETFE，$-(CH_2CH_2)_x-(CF_2CF_2)_y-$）等のフッ素ポリマー [24, 25]まで拡大している．以下に代表的な例について記述したい．

2.2 PFCA 類の分解方法

2.2.1 ヘテロポリ酸光触媒

　PFOA をはじめとする PFCA 類は，OH ラジカルとの反応性が低いため第1章 1.2 節で述べた通常の促進酸化法ではほとんど分解できないが，我々はヘテロポリ酸光触媒 $[PW_{12}O_{40}]^{3-}$ を用いることでF^- と CO_2 まで分解させることができた [5]．これは PFCA 類を光触媒反応で分解した世界初の例である．$[PW_{12}O_{40}]^{3-}$ は 270 nm 付近に極大吸収波長を持ち，ケギン型と呼ばれる構造から成り立っている無機化合物である．光触媒がいろいろな有機化合物を酸化分解できるか，つまり分解させたい有機化合物から電子を奪うことが可能かどうかは，二酸化チタン（TiO_2）に代表される固体の光触媒（不均一系光触媒）の場合には価電子帯の上端のエネルギー，水に溶解して使う均一系光触媒の場合には最高被占軌道（HOMO）のエネルギーから予測することができ，そのエネルギーは標準水素電極を基準にした電位で表現される．その値がより正であるほど（＋に大きいほど）高い酸化力が期待できる．TiO_2 の価電子帯の上端のエネルギーは標準水素電極を基準とした電位で表すと約 3.0 V である（この値は水中では接している水の pH で変化する）．一方$[PW_{12}O_{40}]^{3-}$ の HOMO のエネルギーは標準水素電極を基準とした電位で表すと 3.76 V である [26]．このため $[PW_{12}O_{40}]^{3-}$ は TiO_2 より

2.2 PFCA類の分解方法

高い酸化力を持つことが期待される．$[PW_{12}O_{40}]^{3-}$には強酸性下で安定（pHが1以下でも安定なため分解対象物がPFCA類のような強酸類であっても使用できる）で，均一系触媒なのでコーキング（触媒表面を生成物が覆って光反応が阻害される現象）を起こさないといった特徴もある．

光反応は耐フッ素性の装置（図2.3）に炭素数2～9のPFCA類と$[PW_{12}O_{40}]^{3-}$を含む水溶液を導入し，酸素雰囲気下で220～460 nmの波長範囲の紫外・可視光を照射することで行った．PFOAの場合，反応初期には水中に炭素数が少ないPFCA類（短鎖PFCA類）も検出されたが，長時間照射によりこのような中間体は消失した．この反応は光励起した$[PW_{12}O_{40}]^{3-}$がPFCA類から電子を奪うことで開始されるが，それに伴い$[PW_{12}O_{40}]^{3-}$は1電子還元した状態，すなわち$[PW_{12}O_{40}]^{4-}$になる．この還元種が系内に存在するO_2と反応して，元の$[PW_{12}O_{40}]^{3-}$の状態に戻ることで触媒サイクルが形成される．図2.4にPFOA分解の反応時間依存性を示す．

図2.3　耐フッ素性光反応装置（著者撮影）
→口絵3参照

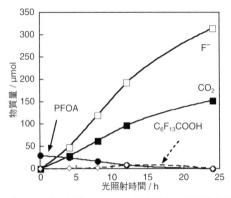

図 2.4 [PW$_{12}$O$_{40}$]$^{3-}$ を用いた PFOA 分解反応の光照射時間依存性
PFOA 初期濃度 1.35 mM.（出典：[5] p.6122, Fig.5）

2.2.2　S$_2$O$_8$$^{2-}$＋UV

　上述の方法では 200 W の水銀・キセノンランプを使用した場合，1.35 mM の PFOA を完全に消失させるのに 24 時間を要する．そこでより短時間で PFCA 類を分解するために S$_2$O$_8$$^{2-}$＋UV 法での分解を行った [6]．

　その結果，[PW$_{12}$O$_{40}$]$^{3-}$ を使用した場合と同じ条件において 4 時間で消失させることができた（図 2.5）．この反応系では紫外線照射により発生した SO$_4$$^{•-}$ は反応後には SO$_4$$^{2-}$ になるが，その生成量は使用した S$_2$O$_8$$^{2-}$ の 2 倍の物質量となった．つまり硫黄分はすべて SO$_4$$^{2-}$ として回収可能である．この反応は触媒反応ではないため S$_2$O$_8$$^{2-}$ は消費される一方で再利用はできない．しかしながら硫黄化合物は安価であること，反応速度が大きいこと，副生成物は SO$_4$$^{2-}$ という処理しやすいものであることは大きな利点である．

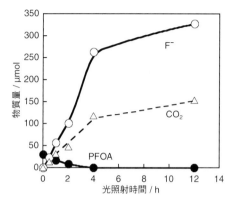

図 2.5 $S_2O_8^{2-}$＋UV 法による PFOA 分解反応の光照射時間依存性
PFOA 初期濃度 1.35 mM．(出典：[6] p.2385, Fig.2)

2.2.3 $S_2O_8^{2-}$＋温水

　$S_2O_8^{2-}$ を用いた反応については上述のような光化学的手法のみならず，熱水を用いた反応も検討した．その結果，意外にも 80℃ 程度の低温の熱水，すなわち温水中で最も迅速に F^- まで酸化分解できることがわかった [13]．反応は耐圧容器に空気雰囲気中で PFCA 類と $S_2O_8^{2-}$（カリウム塩）を入れ，密封・加熱することで行った．図 2.6 に PFOA と 134 倍モル過剰の $S_2O_8^{2-}$ を入れた温水（80℃）中における PFOA 分解の時間依存性を示す．$S_2O_8^{2-}$ を入れない場合には PFOA 濃度はまったく減少しなかった．対照的に $S_2O_8^{2-}$ を入れた場合には迅速に減少し，気相中には CO_2 が，水中には F^- が生成した．さらに迅速な分解を期待して反応温度を 150℃ に上昇させたところ，PFOA の減少速度は低下してしまい，F^- および CO_2 の生成も大幅に減少した．これは 150℃ のような高温では $SO_4^{\bullet-}$ と水との反応が優先し，PFOA との反応が阻害されるためと考えられる．この方法で他の PFCA 類や，さらには PFCA 類の

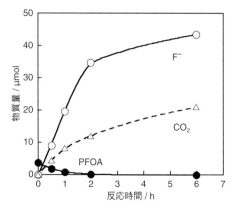

図 2.6　$S_2O_8^{2-}$＋温水法による PFOA 分解反応の反応時間依存性
PFOA 初期濃度 374μM．(出典：[13] p.7440, Fig.1 A)

代替物質であるペルフルオロエーテルカルボン酸類やヒドロペルフルオロカルボン酸類も分解できる [14]．

2.2.4　$S_2O_8^{2-}$＋超音波照射

$S_2O_8^{2-}$ と超音波照射を組み合わせて PFCA 類や関連物質を迅速に分解することができる [16]．例として，PFOA 代替物質である $CF_3OC_2F_4OCF_2COOH$（NFDOHA）の水溶液（50 μM）に 5～10 mM の $S_2O_8^{2-}$ を添加して超音波照射した場合の水中の NFDOHA 濃度の時間依存性を，$S_2O_8^{2-}$ を添加しなかった場合とともに示す（図 2.7）．$S_2O_8^{2-}$ の添加により NFDOHA の分解が促進されていることがわかる．$S_2O_8^{2-}$ による分解反応の促進は超音波照射で生成するミクロな高温高圧場において $S_2O_8^{2-}$ が $SO_4^{•-}$ に熱分解し，これが NFDOHA の脱炭酸を誘起するためと考えられる．

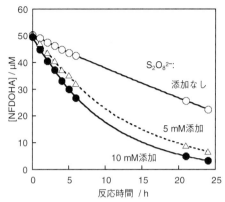

図 2.7　S$_2$O$_8^{2-}$＋超音波照射による NFDOHA 濃度の反応時間依存性
NFDOHA 初期濃度 50 μM．（出典：[16] p.7，Fig.3 a）

2.2.5　鉄イオンを用いた PFCA 類の光触媒分解

　PFCA 類は鉄イオンの酸化還元反応を利用して F$^-$ と CO$_2$ まで分解することも可能である [12]．反応は PFCA 類と Fe^{3+} を含む水溶液を光反応装置内に入れ，酸素ガス雰囲気下で紫外・可視光（220〜460 nm）を照射して行った．図 2.8 にペルフルオロペンタン酸（C$_4$F$_9$COOH, PFPeA）の分解反応の光照射時間依存性を示す．アルゴン雰囲気の場合，分解反応は大幅に抑制されるとともに，水相中の鉄イオン（Fe^{3+} および Fe^{2+}）のうち，Fe^{2+} の割合が 93.3% に達した．この結果は，O$_2$ は Fe^{2+} が Fe^{3+} へ戻る過程で必要であることを意味している．

　2000 年台後半から PFCA 類を光化学的手法で分解する報告例が増えている．例えば，Zhao らはバンドギャップが広い β-Ga$_2$O$_3$ 光触媒を用いて PFOA を分解している [27]．また，Panchangam らは TiO$_2$ 光触媒と超音波照射を組み合わせて PFOA を分解している [28]．

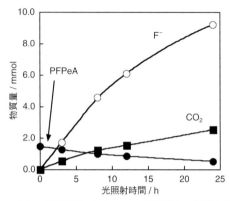

図 2.8 Fe^{3+}イオン光触媒法による PFPeA 分解反応の光照射時間依存性
PFPeA 初期濃度 67.3 mM,Fe^{3+}初期濃度 5.0 mM.(出典:[12] p.575, Fig.2 b)

2.3 PFAS 類の分解方法

上述のような PFCA 類に有効な方法でも水中の PFAS 類はほとんど分解しない.そこで熱水(亜臨界水,超臨界水)中で還元分解させることを検討した.その結果,鉄粉を還元剤として用いることにより亜臨界水中で効果的に分解できた [9].反応は以下のようにして行った.まず,耐圧容器に不活性ガス雰囲気中で PFOS(カリウム塩)の水溶液(93〜372 µM)と鉄粉あるいは他の金属粉(亜鉛,銅,アルミニウム)を入れ,250〜350℃の亜臨界水の状態にした.一定時間経過後,室温に戻して成分分析を行った.比較のため金属粉を入れない場合についても実験を行った.金属粉がない場合,水中の PFOS 濃度はほとんど減少しなかった.鉄粉を入れた場合に PFOS は最も迅速に分解した.例えば PFOS 初期濃度が 372 µM,反応温度 350℃ で PFOS は 6 時間で水中から消失し,同時に

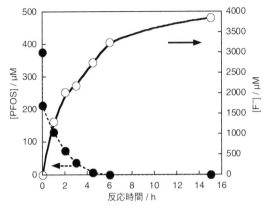

図 2.9　鉄粉＋亜臨界水法による PFOS 分解反応の反応時間依存性
PFOS 初期濃度 376 μM,　鉄粉 9.60 mmol.

水中にはF⁻が高収率で生成した（図 2.9）．この方法により電子産業界で使用されていた反射防止剤のPFOSや炭素数2〜6のPFAS類（PFOS代替物質）の分解も可能であった．PFAS関連物質の中には，より簡単に分解できるものもある．例えばPFOS代替物質としてペルフルオロアルキル基の中にエーテル結合を導入したペルフルオロアルキルエーテルスルホン酸類があるが，これらは酸素ガスを共存させた亜臨界水反応で F⁻, CO_2 および SO_4^{2-} まで効果的に分解できる [15].

2.4　フッ素系イオン液体の分解方法

　フッ素系イオン液体とは，陰イオンと陽イオンからなる塩類でありながら常温付近で液体の物質（イオン液体）のうち，陰イオンにペルフルオロアルキル基を持っている化合物である．これらは安定

であることが特徴のイオン液体の中でも特に不燃性や耐薬品性，さらには電気化学特性に優れている．このためリチウム二次電池等のさまざまなエネルギーデバイスにおいて電解質材料として導入されつつある．しかしながら分解処理方法はいまだに確立されておらず，現状ではオガ屑と混合し，少しずつ焼却するとか，中和して排水するといった方法しかない．フッ素系イオン液体の陰イオンとして使用されるビス（ペルフルオロアルカンスルホニル）イミド類 $[(C_nF_{2n+1}SO_2)_2N]^-$ について，熱水中で分解することを検討した．その結果，$[(CF_3SO_2)_2N]^-$ の場合，酸化鉄(II)（FeO）を還元剤として用いることで F^- が最高で 86% の収率で得られた（図 2.10）[21]．残りのフッ素原子はFeO表面に F^- として固定化されていた．反応初期には GWP が高い CF_3H が検出されたが，長時間反応させることで消失した．この反応では反応中に FeO が不均化して発生するゼロ価鉄が高活性な還元剤として作用していることがわかって

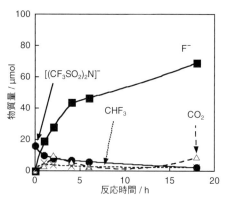

図 2.10　FeO＋亜臨界水法による $[(CF_3SO_2)_2N]^-$ の分解
反応温度 345℃．（出典：[21] p.13626, Fig.6 a)

いる.

2.5　フッ素系イオン交換膜（ポリマー）の分解方法

　フッ素系イオン交換膜は造水，浄水，燃料電池，食塩電解等，さまざまな用途で用いられている機能性材料であるが，その廃棄物は埋め立て処分されているのが現状で，分解処理方法は確立されていない．フッ素系イオン交換膜については，過酸化水素水やフェントン試薬（$Fe^{2+} + H_2O_2$）による劣化過程を調べた例があった [29]．しかし，それらは燃料電池の耐久性の向上を目的としたもので，廃棄物からフッ素成分を回収するために積極的に分解反応を探索した例はなく，F^- の生成量もわずかであった．また，その劣化の過程において PFCA/PFAS 類似物質が生成するという報告もあるので F^- まで完全に無機化することが望ましい．そこで金属粉を還元剤とした亜臨界水反応で分解することを試みた [20]．

　試料としてはナフィオン膜と呼ばれる図 2.11 の構造のものを用いた．この膜（乾燥重量 29.8 mg，総フッ素量 1.03 mmol）と金属粉（9.60 mmol），および純水（10 mL）を耐圧反応装置に入れ，アルゴン雰囲気下で密封後，250～350℃ の亜臨界水状態にした．一定時間経過後，室温に急冷し，水中およびガス相中の反応物を分析した．300℃ の場合の結果を表 2.1 に示す．

　金属を添加しない場合，F^- はほとんど生成しなかった（表 2.1，No.1）．アルミニウムを添加した場合，F^- の生成はかえって阻害された（No.2）．亜鉛（No.3），銅（No.4）および鉄（No.5）の場合には分解促進作用があり，鉄を用いた場合に特に顕著な F^- の生成が見られた（No.5）．鉄粉を加えて 350℃ で反応させたところ，17 時間後には F^- の生成量は 754 µmol に達した（図 2.12）．これは反応

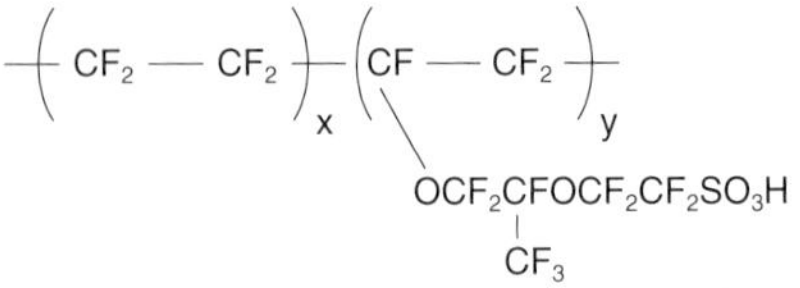

48　第2章　フッ素化合物の分解方法

$$
\left(CF_2 \!-\! CF_2 \right)_x \left(\!\!\begin{array}{c} CF \!-\! CF_2 \\[2pt] | \\ OCF_2CFOCF_2CF_2SO_3H \\ | \\ CF_3 \end{array}\!\! \right)_y
$$

図 2.11　亜臨界水反応実験に用いたフッ素系イオン交換膜の構造（ナフィオン NRE-212）

表 2.1　フッ素系イオン交換膜の亜臨界水分解における金属の添加効果
反応温度 300℃，反応時間 6 h．（[20] p.466, Table 1 より抜粋）

No.	圧力(MPa)	添加金属	残存ポリマーの分子量[*]		F⁻ (μmol) [収率(%)]
			$M_w (\times 10^5)$	M_w/M_n	
1	8.3	なし	1.49	1.27	6.85 [0.67]
2	9.3	Al	1.90	1.27	0.78 [0.08]
3	8.6	Zn	1.70	1.16	22.6 [2.19]
4	8.4	Cu	1.41	1.33	35.7 [3.47]
5	9.4	Fe	1.20	1.32	351 [34.1]

[*]）M_w：重量平均分子量，M_n：数平均分子量

前の膜中のフッ素原子うち，73.2% が F⁻ に変換されたことを意味し，ポリマーの側鎖のみならず，主鎖（CF_2-CF_2）$_x$ の部分まで効果的に分解できることがわかった．

2.6　熱可塑性フッ素ポリマーの分解方法

　現在まで最も多く使用されているフッ素ポリマーはポリテトラフルオロエチレン（PTFE, $-(CF_2CF_2)_n-$）であり，フッ素ポリマーの全需要の 6 割強を占めている．PTFE は加熱すると柔らかくなる性質を持つ熱可塑性ポリマーに分類されるものの，高温で溶融させた場合の粘度（$10^9 \sim 10^{11}$ Pa s）は通常の熱可塑性ポリマーのそれら

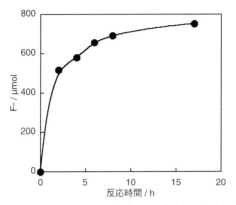

図2.12 Feを還元剤として用いたフッ素系イオン交換膜の亜臨界水分解における F⁻生成の反応時間依存性
反応温度350℃．（出典：[20] p.468, Fig.4 a)

よりも約6桁も高い．このため温度を上げて溶融させ，型にはめることで必要な形に成形する「溶融成形」ができない．このためCH_2基を導入する等，骨格を変えて溶融成形を可能にした新しいポリマーが開発され，普及しつつある．そのようなフッ素ポリマーを産業界では「熱可塑性フッ素ポリマー」とか「溶融フッ素ポリマー」と呼んでいる．熱可塑性フッ素ポリマーはエネルギーデバイス（リチウムイオン電池の電極材料，電解膜材料，水素機器シール材等），化学プラント（配管，ライニング等），半導体製造装置（ラインチューブ等）をはじめとするさまざまな産業用途へ導入が進んでいるが，廃棄物の大半は埋め立て処分されている．

我々は代表的な熱可塑性フッ素ポリマーであるPVDFおよびETFEについて，さまざまな酸化剤や還元剤を添加した亜臨界水あるいは超臨界水反応で分解することを試みた．その結果，酸素ガスを共存させた超臨界水反応によりこれらのポリマーのフッ素成分お

よび炭素成分を F^- および CO_2 まで完全に分解することに成功した (図2.13) [24]. F^- および CO_2 収率の最高値はともに380℃で6時間反応させることで98%に達した. さらに反応系にあらかじめ化学量論量の水酸化カルシウムを添加することで純粋な CaF_2 を得ることができた. さらに低温で分解する反応条件を探索した結果, 酸化剤として過酸化水素水を用いることで300℃の亜臨界水中でPVDF, VDF-クロロトリフルオロエチレン共重合体およびVDF-ヘキサフルオロプロピレン共重合体を F^- および CO_2 まで（塩素原子を含む場合には Cl^- まで）完全に分解し, CaF_2 を得ることに成功した [25].

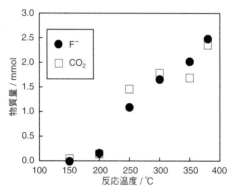

図2.13 O_2 を酸化剤として用いたETFEの亜臨界水および超臨界水分解
380℃のみ超臨界水状態である. 反応時間 6 h. (出典：[24] p.6938, Fig.3 a)

参考文献

[1] 山辺正顕監修：『とことんやさしいフッ素の本』日刊工業新聞社（2012）.

[2] 澤田英夫監修：『フッ素樹脂の最新動向』シーエムシー出版（2013）.

[3] 松尾　仁：『フッ素の復権』化学工業日報社（2003）.

[4] 財務省貿易統計，品目番号 2529.22-000.
http://www.customs.go.jp/toukei/srch/index.htm（アクセス 2017 年 8 月 23 日）.

[5] H. Hori, E. Hayakawa, H. Einaga, S. Kutsuna, K. Koike, T. Ibusuki, H. Kitagawa, R. Arakawa, *Environ. Sci. Technol.*, **38**, 6118（2004）.

[6] H. Hori, A. Yamamoto, E. Hayakawa, S. Taniyasu, N. Yamashita, S. Kutsuna, H. Kitagawa, R. Arakawa, *Environ. Sci. Technol.*, **39**, 2383（2005）.

[7] H. Hori, A. Yamamoto, K. Koike, S. Kutsuna, I. Osaka, R. Arakawa, *Water Res.*, **41**, 2962（2007）.

[8] H. Hori, A. Yamamoto, S. Kutsuna, *Environ. Sci. Technol.*, **39**, 7692（2005）.

[9] H. Hori, Y. Nagaoka, A. Yamamoto, T. Sano, N. Yamashita, S. Taniyasu, S. Kutsuna, I. Osaka, R. Arakawa, *Environ. Sci. Technol.*, **40**, 1049（2006）.

[10] H. Hori, Y. Nagaoka, T. Sano, S. Kutsuna, *Chemosphere*, **70**, 800（2008）.

[11] H. Hori, T. Sakamoto, Y. Kimura, A. Takai, *Catal. Today*, **196**, 132（2012）.

[12] H. Hori, A. Yamamoto, K. Koike, S. Kutsuna, I. Osaka, R. Arakawa, *Chemosphere*, **68**, 572（2007）.

[13] H. Hori, Y. Nagaoka, M. Murayama, S. Kutsuna, *Environ. Sci. Technol.*, **42**, 7438（2008）.

[14] H. Hori, M. Murayama, N. Inoue, K. Ishida, S. Kutsuna, *Catal. Today*, **151**, 131（2010）.

[15] H. Hori, M. Murayama, S. Kutsuna, *Chemosphere*, **77**, 1400（2009）.

[16] H. Hori, Y. Nagano, M. Murayama, K. Koike, S. Kutsuna, *J. Fluorine Chem.*, **141**, 5（2012）.

[17] H. Hori, A. Ishiguro, K. Nakajima, T. Sano, S. Kutsuna, K. Koike, *Chemosphere*, **93**, 2657（2013）.

[18] H. Hori, H. Saito, H. Sakai, T. Kitahara, T. Sakamoto, *Chemosphere*, **129**, 27（2015）.

[19] Y. Patil, H. Hori, H. Tanaka, T. Sakamoto, B. Ameduri, *Chem Commun.*, **49**, 6662（2013）.

[20] H. Hori, M. Murayama, T. Sano, S. Kutsuna, *Ind. Eng. Chem. Res.*, **49**, 464（2010）.

[21] H. Hori, Y. Noda, A. Takahashi, T. Sakamoto, *Ind. Eng. Chem. Res.*, **52**, 13622（2013）.

[22] H. Hori, A. Takahashi, T. Ito, *J. Fluorine Chem.*, **186**, 60（2016）.

[23] H. Hori, H. Yokota, *J. Fluorine Chem.*, **178**, 1（2015）.

52 第2章 フッ素化合物の分解方法

[24] H. Hori, T. Sakamoto, K. Ohmura, H. Yoshikawa, T. Seita, T. Fujita, Y. Morizawa, *Ind. Eng. Chem. Res.*, **53**, 6934 (2014).

[25] H. Hori, H. Tanaka, K. Watanabe, T. Tsuge, T. Sakamoto, A. Manseri, B. Ameduri, *Ind. Eng. Chem. Res.*, **54**, 8650 (2015).

[26] A. Hiskia, A. Mylonas, E. Papaconstantinou, *Chem. Soc. Rev.*, **30**, 62 (2001).

[27] B. Zhao, P. Zhang, *Catal. Commun.*, **10**, 1184 (2009).

[28] S.C. Panchangam, A. Y. C. Lin, J. H. Tsai, C.F. Lin, *Chemosphere*, **75**, 654 (2009).

[29] M. K. Kadirov, A. Bosnjakovic, S. Schlick, *J. Phys. Chem. B*, **109**, 7664 (2005).

第3章

フッ素化合物の環境化学

3.1 大気の構造

　フッ素化合物は前章で述べたように我々の生活や産業界になくてはならない物質である．しかしながら優れた耐熱性や耐薬品性を持つことの裏返しで，自然界で分解しにくく環境に負荷を与えやすい側面がある．例えば，塩素，フッ素，および炭素原子から構成されるクロロフルオロカーボン類（CFCs），いわゆるフロン類は，オゾン層と呼ばれる我々の生存に必須な大気の層を破壊することで有名である．このような化合物の環境中での振る舞いを理解するためには，まず地球に存在する大気がどのような構造なのかを理解することが大事である．そこで本章では最初にこのことに触れてみたい．

　大気の地表から垂直方向の構造の例を図3.1に示す [1]．飛行機に乗るとモニターに飛行機外部の大気の温度（気温）が表示されている場合がある．その温度は地表の温度よりかなり低くなっている．高度が上昇すると気温が低くなることは日常的に経験すると思うが，さらに上空では温度勾配が逆転して上に行くほど気温が高くなる．もっと上空にいくと再び温度勾配が逆転して上に行くほど気温が低くなる．このように温度勾配の逆転を境として地表から8〜18 kmまでの領域を対流圏（troposphere），対流圏の上端から地表50 kmあたりまでを成層圏（stratosphere），さらにその上を中間圏

54　第3章　フッ素化合物の環境化学

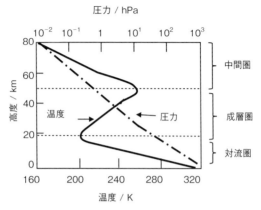

図 3.1　北緯 30°で 3 月における大気の圧力と温度の高度依存性
([1] p.15, 図 2-2 をもとに作成)

(mesosphere) と言う．すべての大気の質量は対流圏と成層圏で 99.9% を占めているため，化学物質の大気中の挙動は通常はこの 2 つの領域を考えればよい．成層圏では上空に行くほど気温が高くなるが，これはこの領域では O_2 分子が太陽光の紫外線により分解して発生する原子状の酸素と O_2 が反応してできるオゾン (O_3) があり，それが太陽放射を吸収するためである．実際この領域における O_3 濃度は高度に対して図 3.2 に示すような分布をしており ([2], この図では O_3 分圧で表示している．分圧と濃度は比例関係にある)，O_3 の濃度が高い 25 km 付近を中心とした領域はオゾン層と呼ばれている．オゾン層より上空で O_3 濃度が低いのは O_3 生成の源である O_2 濃度が低いため，またオゾン層より下方で O_3 濃度が低いのは O_2 分解の光反応を起こす波長成分が，より上空に存在する O_2 により吸収されてしまい，下まで到達しないためである．注意深い諸君は地表付近で O_3 濃度が上昇していることに気付くであろ

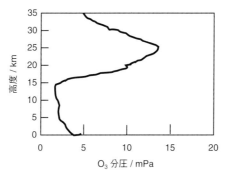

図3.2　茨城県つくば市上空における2016年11月の大気中のO₃分圧の垂直分布
([2] のデータベースに年月の情報を入力して作成)

う．これは化石燃料の燃焼で生成する窒素酸化物（NO$_x$, x＝1,2）と産業活動あるいは植物由来の炭化水素類が反応してO₃が生成するためである．

　地表から成層圏の上端まではわずか50 kmしかない．自動車だったら1時間もかからない距離である．飛行機の高度も10 km程度である．こうしてみると人間の活動空間は，横方向（赤道の距離では地球の1周は40077 km）に比べて縦方向は相当短く，宇宙から眺めれば文字通り地表を這うような暮らしをしていることになる．

　地表付近から大気中に放出された化学物質はどれくらいの時間で上空に達するのであろうか．化学物質の垂直方向の輸送の詳細については [1] に詳しく書かれているが，対流圏の下層に存在する惑星境界層（Planetary Boundaru Layer, PBL）の上端（地表1～3 km）まではわずか1～2日で到達する．PBLは地表から上昇してきた空気とPBLより上から下降してきた空気が出会ってよく混合されている層なので，この上端までは比較的短時間で移動できる．これよ

り上空へ輸送されるためには結構時間がかかり，地表から対流圏の中間付近に到達するには1週間ほどかかる．対流圏と成層圏の間の大気の交換は図3.1で見たように温度勾配が逆転するため極めて起こりにくい．成層圏は対流圏における不安定な大気の運動の「ふた」をしているような存在である．このため化学物質が地表から成層圏まで輸送されるには実に5〜10年かかると言われている．もちろんこれは大気が定常的に運動している場合である．自然界では突発的な現象もたびたび起こる．例えば火山の噴煙は2015年に起きたチリのカルブコ火山の噴火の場合のように，成層圏まで達することがあるから，そのような場合には化学物質は当然もっと早く成層圏へ輸送される．化学物質はさらに上空へ輸送されて宇宙の彼方まで飛散してしまうかというと，地球には引力があるためそういうことはない．成層圏から対流圏への下方向の輸送もあり（これは1〜2年と上方向に比べてかなり短時間である），上空に拡散した化学物質は最終的には降雨（成層圏では降雨はない）や化学反応の効果で地表に戻ってくることになる．

　これまでの話は大気の垂直方向の状況を説明したものであったが，大気は地球の自転や，太陽放射によって生じる加熱の程度が緯度により異なるといった現象により水平方向にも運動している．実際，輸送の速度はこちらのほうが垂直方向よりはるかに高く，経度方向（地球の横方向）への大気の風速は$10\,\mathrm{m\,s^{-1}}$のオーダーであって地球を一周するのに数週間しかかからない．化学物質の中には難分解性で生体蓄積性や毒性があり，地球上で長距離輸送されるものがある．それらは残留性有機汚染物質（Persistent Organic Pollutants，通称POPs）と呼ばれてストックホルム条約という国際条約で製造や使用が規制されているが，そういったものの多くはこのような地球規模での大気の流れにより産業活動が盛んな地域から遠隔

地まで輸送されるわけである．

　大気は対流圏内を循環しているが，その流れを説明するモデルはいろいろある．図 3.3 に赤道から北緯 30°付近までの大気の流れを説明するのに使われるハドレーモデルを示す．暖かい赤道付近の大気は上昇し，高度 15 km に達すると押し下げられる．すると地球は自転しているため大気の流れは時計回りに回転する．このため中緯度域では西風が，熱帯域では東風が地表付近や高層でも吹くことになる．図 3.4 に化学物質が地球規模で水平に輸送される場合の時間スケールを示す．中緯度域での西風は偏西風と呼ばれ，その風速は高度 12 km 付近が最も大きく，夏で 15 m s^{-1}，冬で 35 m s^{-1} におよぶ．このように経度方向への輸送が迅速に行われるのに対して，地球を南北に貫く子午線方向への輸送は遅く，風速は 1 m s^{-1} のオーダーに過ぎない．このため中緯度の空気が極地や赤道付近の空気と交換されるためには 1〜2 ヶ月の時間を要し，赤道をまたぐ場合は約 1 年もかかる．北半球と南半球を比べると，その空気は北半球のほうが人口も多くて産業活動も盛んであるため汚いが，北

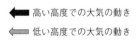

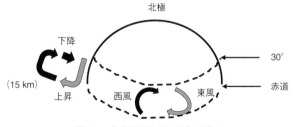

図 3.3　北半球で生じる大気の動き
([1] p.50, 図 4-11 をもとに作成)

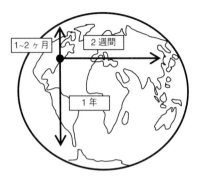

図 3.4 対流圏における大気輸送の時間スケール
([1] p.51, 図 4-12 をもとに作成)

半球から南半球への輸送はこのように遅い．南極の空気は地球上で最も清浄であるが [3]，その原因の 1 つに北半球の大気が輸送されにくいことがあることは間違いないだろう．

　大気の流れにはこのような地球規模での流れのほかにローカルな流れもある．海陸風循環と言われるもので，海と陸地があるとき，日中は地表付近の空気は海上の空気よりも熱せられて温度が高くなるため高い高度では陸から海に向かって空気の流れが生じる．この結果，地表付近では海から陸への空気の流れ，すなわち海風が生じる（図 3.5）．夜間になると陸は海より速く冷えるため逆の流れが生じ，地表付近では陸から海への空気の流れ，すなわち陸風が生じる．このような流れは水平方向に 10 km，垂直方向に 1 km まで拡がっている．1980 年代から神奈川県の丹沢山系にある大山ではモミの立ち枯れが顕著となり，その原因として相模湾方面から運ばれたガス状大気汚染物質が，酸性の霧となって樹木に付着することが指摘されている [4, 5]．これはまさに海風の効果である．

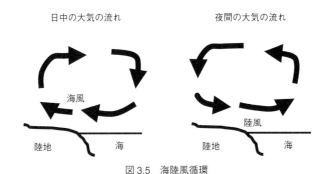

図 3.5　海陸風循環

3.2　海洋の構造

　化学物質は以上で述べたように大気の流れに乗って輸送される．それは POPs のように地球規模だったり，丹沢山系の酸性霧のようなローカルな規模であったりさまざまである．もう1つの輸送の媒体として海洋がある．海水も地球の自転と海面上の大気の流れによって動いており，これによって生じる海流を風成循環という．図 3.6 に地球規模での海洋表層の循環の様子を示す [6]．南極大陸の周囲には大流量の東向きの海流がある．これは南極環流と呼ばれており，流速は 0.9 km h^{-1} 以下と非常に遅いが，深さは海面から 3 km 程度まで，流れの幅は最大で 2000 km に及んでいる．太平洋，大西洋，およびインド洋の亜熱帯域には亜熱帯循環と呼ばれる大規模な海流が存在し，北半球では時計回り，南半球では反時計回りで循環している．亜熱帯循環の流れは深さ 1 km 付近まで及んでおり，日本の太平洋沿岸を流れる黒潮は亜熱帯循環の一部であって，流れの幅は 100〜200 km，表面流速は平均 1.5 m s^{-1} である [7]．海洋の表面近くは風による撹拌が効果的に行われているため，表面から

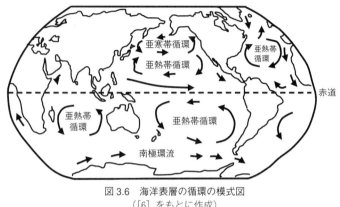

図 3.6　海洋表層の循環の模式図
([6] をもとに作成)

100〜500 m の深さまで組成は均一になっている．風成循環とは別に海水の密度勾配によって引き起こされる垂直方向の流れがあり，熱塩循環と呼ばれている [8]．高緯度域の海水は温度が低いので高密度となり次第に深部へ流れて行く．その速度は非常に小さく，1 cm s^{-1} 程度あるいはそれ以下である．速度は小さいものの地球規模での海洋の表層から深層までの海流の原因となっており，その流れにより熱エネルギーと物質が運ばれ，拡散する．このため熱塩循環は地球の気候に大きな影響を与えている [9]．化学物質は海流により輸送されるが，その輸送速度は黒潮のような流速が大きい場合でもせいぜい 1 m s^{-1} 程度である．3.1 節で大気の循環について説明したが，例えば偏西風の風速は，冬には 35 m s^{-1} にも及んでいた．これより水に難溶で揮発性が高い化学物質は海洋よりも大気によって運搬されるほうがはるかに短時間で遠距離まで輸送されるということは明らかである．

3.3 成層圏のオゾン

3.1 節で成層圏には高度 25 km 付近を中心に O_3 濃度が高い層，すなわちオゾン層が存在することについて述べた．オゾン層は太陽放射のうち，生体に有害な短波長（200〜300 nm）の紫外線を吸収して地表に到達することを防いでいる．図 3.7 に大気より外の太陽放射の波長分布と地表に到達した太陽放射の波長分布を示す［10］．300 nm 以下の波長の成分が地表に到達するまでに効果的にカットされていることがわかる．この短波長の紫外線がなぜ有害かというと，第 1 章 1.1 節で説明したようにこの波長領域の紫外線は細胞中の DNA を損傷してしまうからである．このためもしこの層の O_3 の濃度が減少すると，短波長の紫外線の通過量が増加して生物に悪影響を及ぼす可能性がある．次節で述べる CFCs はまさにこの懸念があったため製造や使用が規制されることになったわけである．オゾン層を破壊する CFCs のような人為的な物質がない時代には成層圏中の O_3 濃度はその生成と消失に均衡がとれていた．ここではま

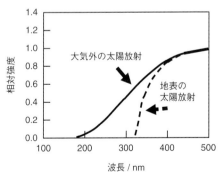

図 3.7 太陽放射のスペクトル
（［10］図 3 をもとに作成）

ず，成層圏中の O_3 はどうやって生成し，また消失するのかについて説明したい．

　最初に成層圏中でどのように O_3 が生成するかであるが，成層圏上部で O_2 は太陽放射のうち，240 nm 以下の波長の紫外線を吸収して酸素原子に分解する（3.1 式）．

$$O_2 + h\nu \rightarrow O + O \tag{3.1}$$

こうして生成した酸素原子は直ちに O_2 と反応して O_3 が生成する（3.2 式）．

$$O_2 + O \rightarrow O_3 \tag{3.2}$$

一方 O_3 は成層圏の中部や下部でエネルギーがより低い長波長（320 nm 以下）の紫外線を吸収して分解する（3.3 式）

$$O_3 + h\nu \rightarrow O_2 + O \tag{3.3}$$

こうしてできた酸素原子は 3.2 式でまた O_3 を発生させるため，これだけでは O_3 の消失にはならない．O_3 を消失させる反応は 3.4 式で表される．

$$O_3 + O \rightarrow 2\,O_2 \tag{3.4}$$

しかしながらこれらの反応でオゾン層中の O_3 濃度を計算で求めてみると観測値よりも 2 倍あるいはそれ以上高くなった．このことから 3.4 式とは別の O_3 の消失過程が存在することが示唆された．そこで見つかったのが水蒸気と窒素酸化物による O_3 の消失過程である．

　対流圏から成層圏に上がってきた水分子は酸素原子と反応して OH ラジカルを生じる（3.5 式）．

$$H_2O + O \rightarrow 2\,OH^\bullet \tag{3.5}$$

OHラジカルは O_3 と反応してヒドロペルオキシルラジカル（$HO_2^\bullet$）を生成し（3.6式），それも O_3 と反応する（3.7式）.

$$OH^\bullet + O_3 \rightarrow HO_2^\bullet + O_2 \tag{3.6}$$

$$HO_2^\bullet + O_3 \rightarrow OH^\bullet + 2\,O_2 \tag{3.7}$$

3.6式と3.7式をまとめると2個の O_3 分子が消失して3個の O_2 分子が生成する一方で，OHラジカルと HO_2 ラジカルの個数は変わらない．つまりOHラジカルと HO_2 ラジカルは触媒として振る舞っていることがわかる．この反応は無限に続くわけではなく，3.8式のようにOHラジカルと HO_2 ラジカルが反応することで停止する.

$$OH^\bullet + HO_2^\bullet \rightarrow H_2O + O_2 \tag{3.8}$$

　窒素酸化物も成層圏中の O_3 の消失に重要な役割を果たしている．例えば地表付近で生物の作用で亜酸化窒素（N_2O）が発生すると，安定な分子であるため対流圏では消失しないで成層圏に達する．ここで酸素原子と反応して一酸化窒素（NO）になる．成層圏中のNOの起源には人為的なものも考えられ，例えば超音速旅客機が成層圏中を飛行すればNOが生成する．実際1970年代には旅客機の成層圏中飛行が計画され，一部では実行された．しかしながら経済性が合わないことと，以下で述べるオゾン層への影響の懸念から現在では行われていない.

　成層圏中でNOは O_3 と反応して二酸化窒素（NO_2）となる（3.9式）．こうして発生した NO_2 は紫外線によりNOと酸素原子に戻るが（3.10式），酸素原子と反応してNOと O_2 を生成することもでき

64　第3章　フッ素化合物の環境化学

る（3.11 式）.

$$NO + O_3 \rightarrow NO_2 + O_2 \tag{3.9}$$

$$NO_2 + h\nu \rightarrow NO + O \tag{3.10}$$

$$NO_2 + O \rightarrow NO + O_2 \tag{3.11}$$

3.9 式と 3.11 式を見ると，NO と NO_2 が触媒となって，1 個の O_3 分子と酸素原子が消失して 2 個の O_2 分子が生成していることがわかる．この触媒サイクルにも停止反応がある．例えば NO_2 が OH ラジカルと反応して硝酸（HNO_3）となることで一連の反応が停止する（3.12 式）.

$$NO_2 + OH^\bullet \rightarrow HNO_3 \tag{3.12}$$

　このように 3.1〜3.4 式に示した当初のモデルに水蒸気の効果と窒素酸化物の効果を入れることによりオゾン層中の O_3 濃度の観測値は計算値とほぼ一致し，O_3 の収支が完全に説明できたかに思われたのだが，思わぬ伏兵が現れた．それが CFCs である．

3.4　CFCs によるオゾン層の破壊

　CFCs とは冷蔵庫用の冷媒や電子部品の洗浄剤，さらにはゴムやプラスチックを膨らませてゴム製品や樹脂製品を製造するための発泡剤として用いられていた有機フッ素化合物である．塩素原子，フッ素原子および炭素原子から成り立っており，水素原子を含む場合もある．自然界には起源がない完全な人工物質である．いろいろな種類があり，その名称は学生諸君が有機化学の授業で習う IUPAC

命名法とはまったく異なり CFC-○△× のように表現され，1 の位は化学式中のフッ素原子数，10 の位は水素数＋1，100 の位は炭素数－1 となる．100 の位は炭素原子数が 1 個の場合は記載しない．例えば CF_2Cl_2 は CFC-12，CF_3CClF_2 は CFC-115 となる．また，水素原子が 1 つ以上ある場合はヒドロクロロフルオロカーボンなので CFC の部分は HCFC となり，水素原子があって塩素原子がない場合はヒドロフルオロカーボンなので HFC となる（どんな場合でも炭素原子はある）．その歴史は 1930 年に Thomas Midgley が新冷媒として発表した CFC-12 に始まる．1920 年代前半，米国にはすでに電気冷蔵庫やエアコンがあったが，そこに使用された冷媒はアンモニアであった．アンモニアは毒性が高く，かつ可燃性で危険なためそれに代わる冷媒として CFC-12 が発明されたわけである [11]．CFCs は化学的に安定で優れた冷媒作用を持ち，しかも無毒ということで奇跡の化学品と言われ，急速に普及した．

　CFCs の普及に伴い，大気中でもその存在が観測されるようになり，1970 年代から 80 年代にはその大気濃度は年間 2〜4% の速さで増加した．図 3.8 に 1977 年から 2015 年までの北半球中の CFC-12 の濃度の経年変化を示す [12]．

　CFCs は安定なため大気中に放出されても対流圏では分解せず，成層圏に達する．そこで太陽放射中の紫外線により分解して塩素原子を放出する．3.13 式に CFC-12 の場合を示す．

$$CF_2Cl_2 + h\nu \rightarrow CF_2Cl + Cl \tag{3.13}$$

この塩素原子は O_3 と反応して一酸化塩素（ClO）を生成する（3.14式）．ClO は酸素原子と反応して塩素原子を再生する（3.15 式）．

$$Cl + O_3 \rightarrow ClO + O_2 \tag{3.14}$$

コラム 6

CFCs等の地上大気濃度の地球規模長期連続観測

クロロフルオロカーボン類（CFCs）の成層圏オゾン層への影響は，CFCs が成層圏に移入する割合に依存する．もし CFC が対流圏でまったく除去されなければ，地上で放出された CFC はすべて成層圏に移入する．そこで，CFCs の対流圏と成層圏における寿命（除去速度の逆数）の決定を目的として，CFCs 等の地上大気濃度の連続観測計画（Atmospheric Lifetime Experiment, ALE）が 1970 年代後半に地球規模で開始された．ALE では，地上大気濃度の長期増加傾向が寿命により決まることに着眼した．観測基地は，大気輸送の影響を考慮できるように，地球を緯度で 4 区分し区分ごとに設置されている．以来約 40 年間，Global Atmospheric Gases Experiment（GAGE）を経て，現在の The Advanced Global Atmospheric Gases Experiment（AGAGE）まで，CFCs 等の地上大気濃度が地球規模で連続観測されている．この間，観測対象成分は，ヒドロクロロフルオロカーボン類（HCFCs）やヒドロフルオロカーボン類（HFCs）等に広がり，観測基地数も増え，他の観測ネットワークと協力して，貴重な観測データが蓄積されてきた．

ALE/GAGE/AGAGE 観測データは，CFCs や HCFCs 等の規制において，CFCs や HCFCs 等の成層圏移入量の推定や規制効果の確認（大気濃度減少など）に利用され，また，地球温暖化問題に関連して，HFCs やその代替品等温室効果ガスの放出量推定に利用されている．大気濃度から放出量を推定する方法は，トップダウン推定とよばれ，ボトムアップ推定（国別放出量報告値の積算）の検証，および報告義務がない国（例えば，中国）からの放出量推定に利用されている．一方，AGAGE 等観測データは，大気化学モデルの開発や大気中 OH 等微量成分の濃度推定など大気化学の基礎分野でも利用され，大気化学全体の進展に貢献してきた．AGAGE 等の活動および成果は，ホームページ（http://

agage.mit.edu) で確認できる.

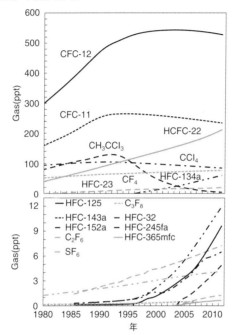

図 AGAGE 等の観測ネットワークによる CFCs 等の地上大気濃度（全球平均値）の長期変動

縦軸は乾燥大気中の存在比を ppt（10^{-12}）単位で表す（出典：IPCC WG 1 第 5 次報告書, p.168, Fig. 2-4）.

〔産業技術総合研究所環境管理研究部門　忽那周三〕

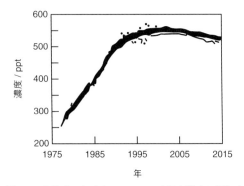

図 3.8 北半球における CFC-12 の大気中濃度の経年変化
（[12] をもとに作成）

$$ClO + O \rightarrow Cl + O_2 \tag{3.15}$$

再生した塩素原子は 3.14 式に従ってまた O_3 の分解を起こす．つまり塩素原子は O_3 分解の触媒として作用しており，CFC-12 分子が分解して塩素原子が生成すると O_3 が連鎖的に消失することになる．ただこの反応も無限に続くわけではない．例えば塩素原子がメタン（CH_4）と反応して塩化水素（HCl）を生成したり（3.16 式），ClO が NO_2 と反応して硝酸塩素（$ClNO_3$）を生成すること（3.17 式）で停止する．

$$Cl + CH_4 \rightarrow HCl + CH_3 \tag{3.16}$$

$$ClO + NO_2 \rightarrow ClNO_3 \tag{3.17}$$

F. Sherwood Rowland と Mario Molina は 1974 年に 3.13〜3.15 式のような機構で CFCs の濃度が増え続ければオゾン層にとって大き

な脅威になることを警告した．彼らの警告はそれから20年の間に
それを支持する実験的事実が増えたことや，南極にオゾンホールが
出現したことで地球環境の大きな危機と認識されるに至り，1987
年のモントリオール議定書の採択から1995年末の先進国における
CFCsの製造の全面禁止につながった．オゾンホールとは南極の春
季にO_3濃度が極端に少なくなる現象で，オゾン層に穴が空いたよ
うな状態であることからその名が付けられたが，その面積は南極大
陸の面積を上回っており，穴と言ってもかなり大きい．モントリ
オール議定書に基づく規制の結果，図3.8に示すようにCFC-12の
大気濃度は2005年以降，減少に転じている．

　さて，普通の環境化学の教科書では3.13～3.15式とオゾンホー
ルの説明が出てオゾン層破壊の記述は終わりになるのだが，実は南
極のオゾンホールの原因としては3.14式と3.15式だけでは説明が
つかない．というのは南極にオゾンホールが出現する春季には太陽
光が弱いため酸素原子の濃度が低く，3.15式の反応が生じにくい
からである．その後の研究からClOの自己反応と，ClOと一酸化臭
素（BrO）の反応が重要であることが明らかとなった．ClOの自己
反応というのは3.18～3.20式のようにして塩素原子とO_2が生成す
る反応で，ここで生じた塩素原子は3.14式でO_3と反応するので結
局2個のO_3分子が3個のO_2に変わる反応である．

$$ClO + ClO \rightarrow ClOOCl \tag{3.18}$$

$$ClOOCl + h\nu \rightarrow ClOO + Cl \tag{3.19}$$

$$ClOO \rightarrow Cl + O_2 \tag{3.20}$$

一方，成層圏には臭化メチル（CH_3Br）のような人為起源の化合物

が紫外線により分解してできた臭素原子が存在する．この臭素原子は O_3 と反応して BrO を生成する（3.21 式）．

$$Br + O_3 \rightarrow BrO + O_2 \tag{3.21}$$

3.14 式で生じた ClO と 3.21 式で生じた BrO が 3.22 式のように反応する．

$$BrO + ClO \rightarrow Br + Cl + O_2 \tag{3.22}$$

このような機構により酸素原子の濃度が低くても塩素原子が生成するため，O_3 が消費されてオゾンホールができることが近年明らかとなっている．図 3.9 にオゾンホールの最大面積の年変化を示す[13]．年によって上下しているものの，2000 年あたりで増加は止まり，以後少しずつ減少しているように見える．

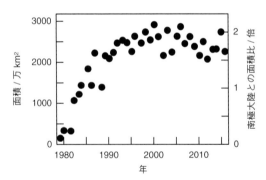

図 3.9　オゾンホール面積の年最大値の推移
気象庁ではオゾンホールの面積を，「南緯 45°以南におけるオゾン全量が 220 m atm−cm 以下の領域の面積」と定義している．（[13] 図 1 より作成）

コラム 7

なぜオゾンホールは北極よりも南極で顕著なのか

極域では，冬季になると太陽光が当たらないため，放射冷却により下部成層圏の気温が著しく低下する．そして，冬半球の60度付近を中心に，強い西風である極夜ジェット気流が吹くようになる．このジェットに囲まれた低気圧性の渦を極渦と呼ぶ．

北半球では，ヒマラヤ山脈やロッキー山脈などの山岳の影響が成層圏にまで及び，極渦が一時的に崩壊することがある．これに対し，南半球では海陸分布の違いから，極夜ジェット気流がほぼ円形の構造をもって南極大陸の上空を巡っている．極渦は北極と比較して南極において非常に安定である．その結果，南極の下部成層圏は，熱的，物質的に中緯度から孤立する．

紫外線によりフロン類（CFC，HCFC，HFC）から光解離した塩素原子（Cl）は，安定な化合物である塩化水素（HCl）や硝酸塩素（$ClONO_2$）に変換されると，オゾンを破壊することはない．しかし，極域成層圏雲（PSCs, Polar Stratospheric Clouds）が存在すると，HClと$ClONO_2$からはPSCsの表面での不均一反応を通して，光化学的に活性なHOClとCl_2が生成する．

極域成層圏雲の発生には，下部成層圏の気温が-78℃より低下する必要がある．この気温を下回る期間は，極渦の安定性により，南極のほうが北極よりも長い．HOClとCl_2はそのあいだ極渦内に蓄積し，春になって太陽が昇ると紫外線により光解離を起こす．このとき放出されたClがオゾンを破壊するので，オゾンホールは北極よりも南極で顕著に発生し，その領域は極渦内部とほぼ一致することになる．

（産業技術総合研究所環境管理研究部門　古賀聖治）

3.5 代替フロンと温暖化

モントリオール議定書による CFCs の使用の禁止と並行して，CFCs の代替物質であるヒドロクロロフルオロカーボン類（HCFCs），さらにはヒドロフルオロカーボン類（HFCs）が使われるようになった．代替フロンが何を指すかは時代とともに変わっており，90 年代前半までは HCFCs が CFCs に代わる冷媒として代替フロンと呼ばれていた，現在ではもはや CFCs は使用されておらず HCFCs から HFCs への転換が進行しているため，HFCs を代替フロンと呼んでいる．代替物質は大気中の寿命を短くしてオゾン層の破壊の可能性が低くなるように設計してある．3.1 節で述べたように，化学物質が地表から成層圏まで輸送されるには定常状態では 5〜10 年もかかるため，それよりも大気中の寿命がずっと短ければ成層圏に到達しない，つまりオゾン層を破壊しないことになる．例えば HCFC–123（$CHCl_2CF_3$）は対流圏中で酸化され，降水によって除去されるため大気寿命は 1.4 年と言われている．

オゾン層を破壊する効果はオゾン（層）破壊係数（Ozone Depletion Potential, ODP）というパラメータで表される．これは大気中に放出された 1 kg の当該物質のオゾン層破壊効果を，CFC–11（CCl_3F）1 kg が及ぼす効果を 1.0 とした場合の相対値として表したものである．CFC–12 の ODP 値も 1.0 である．HCFC–123 のそれは 0.02 であり [14]，大気寿命はかなり短くなったものの，オゾン層の破壊効果はゼロではない．このため HCFCs は CFCs に続いて規制の対象となった．HFCs は塩素原子を持たないのでオゾン層を破壊することはまったくない．つまり ODP 値は 0 である．にもかかわらず京都議定書等で国際的に規制されたのは地球温暖化への寄与が懸念されるためである．HCFCs や HFCs の寿命が短いと言って

もあくまでも CFCs と比較した場合であって，普通の化学物質に比べれば炭素・フッ素結合を持つ有機フッ素化合物なので長いものが多い．このため HCFCs や HFCs が大気中に拡散すると地表から輻射される赤外線を吸収して温暖化をもたらすことになる．もし大気中に放出されてすぐに分解してしまうような物質だったら，劣化が速くて冷媒としても使えないことにもなりかねない．新規冷媒の設計は難しい．

　いろいろな温室効果気体がどのくらい地球温暖化に寄与するのか定量的に示すパラメータとして地球温暖化係数（Global Warming Potential, GWP）がある．これはある化合物（気体）が 1 kg あるとき，それが CO_2 1 kg がもたらす温暖化の効果に比べて何倍の効果をもたらすかを表すもので，大気寿命や赤外線吸収能を基に計算される．この値は対象とする時間の長さにより異なる（CO_2 の値は基準値なので常に 1.0 である）．100 年間で見た場合，CO_2 が 1.0 であるのに対して CFC-12 は 8500，HCFC-123 は 93 となる [1]．代替フロンよりもはるかに GWP 値が高いものもある．例えば六フッ化硫黄（SF_6）の GWP 100 年値は何と 24900 である．このことは SF_6 を 1 kg 削減することは CO_2 を 24900 kg 削減するのと同じ効果があることを意味する．EU では F-Gas 規制（F-GasRegulation）が 2015 年 1 月に発効した [15]．これは家庭用冷蔵庫や，乗用車および軽トラックのエアコン用の冷媒として GWP 値が 150 以下のものを使用することを義務づけたものである．このような状況を受けて Du-Pont 社と Honeywell 社は HFO-1234 yf（$CF_3CF=CH_2$，GWP 値は 4）が最も有望な代替フロンと結論づけ，最近になって普及しつつある [16]．また，我が国では代替フロンの排出規制を強化した「フロン排出抑制法」が，2015 年 4 月に施行されたため，フッ素原子を含まない「ノンフロン冷媒」も導入されつつある．これは CO_2 や，

74　第3章　フッ素化合物の環境化学

CFCs 以前の先祖返りであるがアンモニアを用いるもので，政府も補助金を出して普及をはかっている [17]．しかしながら性能が悪かったり，アンモニアの場合は前述のように毒性があったりするので本格的な普及には時間がかかりそうである．

3.6　有機フッ素化合物 PFOS, PFOA

　前節では大気中で問題となった CFCs やその代替物質である HCFCs，さらには HFCs の環境化学的な挙動や性質について述べたが，環境影響が懸念された有機フッ素化合物としてはこれらとは別に炭素数が8程度のペルフルオロカルボン酸類（PFCA 類，一般式 $C_nF_{2n+1}COOH$，$n=1, 2, 3--$）やペルフルオロアルキルスルホン酸類（PFAS 類，$C_nF_{2n+1}SO_3H$），およびそれらの塩類や誘導体がある．これらは反射防止剤，表面処理剤，乳化剤，はっ水剤等の構成成分あるいはそれらの中間原料として用いられてきた．ところが 2000 年頃から一部の化合物が環境中や生物中に存在していることが明らかとなった（図 3.10）．その典型がペルフルオロオクタンスルホン酸（$C_8F_{17}SO_3H$）とペルフルオロオクタン酸（$C_7F_{15}COOH$）であり，それぞれ PFOS, PFOA という略称で呼ばれている．PFOS は従来，Perfluorooctanesulfonate の略，つまりペルフルオロオクタンスルホン酸の陰イオン（$C_8F_{17}SO_3^-$）の部分を意味していた（酸も塩も水中では完全に解離するのでどちらも PFOS である）．これは環境分析の文献を中心とした表現で，PFOS の定量分析はこの陰イオンの部分の量に基づくため，このような表現になる．しかしながら製造や使用を規制するストックホルム条約の最近の資料では酸（Perfluorooctanesulfonic acid, $C_8F_{17}SO_3H$）を PFOS と表現している．これは製造の記述には酸と塩を区別する必要があるためであ

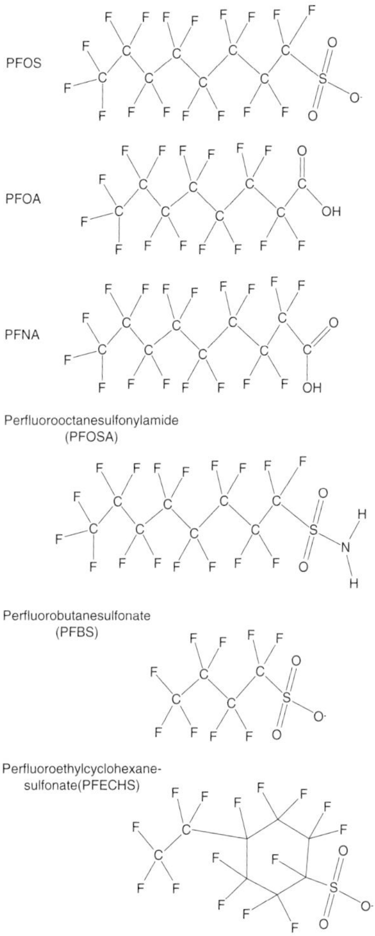

3.6 有機フッ素化合物 PFOS, PFOA   75

PFOS

PFOA

PFNA

Perfluorooctanesulfonylamide
(PFOSA)

Perfluorobutanesulfonate
(PFBS)

Perfluoroethylcyclohexane-
sulfonate(PFECHS)

図3.10　環境水中で検出されている有機フッ素化合物

PFNA（ペルフルオロノナン酸）のような長鎖 PFCA 類はそれ自体が使用される
だけでなく，製造時の不純物として PFOA に混入している場合もある．PFOSA
は PFOS 前駆体の一種，PFBS は典型的な PFOS 代替品，PFECHS は PFOS 関連
物質である．

ろう．ここでは従来通り PFOS を酸と塩の両方を含めた意味で表すことにする．これらの化合物は大気中よりも（大気中で検出されている誘導体もあるが），河川や湖沼，海等の環境水や，野生動物中で検出されてそのリスクが懸念されたものであり，CFCs と同様に自然起源がない人工物質である．

3.7 PFOS, PFOA の環境残留性と生体蓄積性

PFOS 問題は 2000 年 5 月 16 日に当時世界で PFOS を最も多く製造していた企業が，生体蓄積性の懸念から 2003 年以降その製造を中止すると発表したことに始まる [18]．その決定の判断材料となった内容（同社がミシガン州立大学へ委託した研究）が 2001 年になってミシガン州立大学の Giesy および Kannan らにより米国化学会の環境科学専門誌 Environmental Science & Technology に集中的に発表され [19-21]，人工物質である PFOS が，産業活動がない極地にまで分布していることが明らかとなった．それらは太平洋，大西洋，地中海，バルチック海，ノルウェー海，日本海，五大湖，カルフォルニア，カナダ，アラスカ，イタリア，スピッツベルゲン，ボスニア湾，さらには南極といった世界各地から採取した膨大な生物試料，すなわち魚（マグロ，サケ，マス，コイ），鳥（ペンギン，鵜，カモメ，アホウドリ，ペリカン，ワシ），海洋動物（アザラシ，ラッコ，北極熊，カワウソ，ミンク，イルカ），亀およびカエルの血液，肝臓，筋肉等に関するものである．これだけの試料をよく集めたと感心するが，これらから $1 \sim 3680 \, \mathrm{ng} \, \mathrm{g}^{-1}$（血液の場合は $\mathrm{\mu g} \, \mathrm{L}^{-1}$）の PFOS が検出され，生物中に広範囲に存在していること，都市近郊，特に五大湖やバルチック海の生物試料中の濃度が高いこと等が明らかとなった．ほぼ同時期に Taniyasu らが東

京湾，大阪湾，琵琶湖，瀬戸内海，有明海等で採取した魚類について調べた結果，東京湾の魚から $2\sim488\,\mu\mathrm{g}\,\mathrm{L}^{-1}$（血液）および $37\sim198\,\mathrm{ng}\,\mathrm{g}^{-1}$（肝臓），大阪湾の魚から $29\sim238\,\mu\mathrm{g}\,\mathrm{L}^{-1}$（血液）および $3\sim16\,\mathrm{ng}\,\mathrm{g}^{-1}$（肝臓），琵琶湖の魚から $33\sim834\,\mu\mathrm{g}\,\mathrm{L}^{-1}$（血液）および $3\sim310\,\mathrm{ng}\,\mathrm{g}^{-1}$（肝臓）の PFOS が検出された [22]．Kannan らの場合と同様に，都市近郊で採取した試料中の濃度が高い．また，東京のカラス，カモ，カモメ，鵜，アヒル（ペット）等の鳥類の PFOS 濃度も測定しており，$0.3\sim130\,\mu\mathrm{g}\,\mathrm{L}^{-1}$（血液）および $68\sim1200\,\mathrm{ng}\,\mathrm{g}^{-1}$（肝臓）であったと報告している．

　環境分析の研究が進むにつれて 2004 年までには PFOS のみならず PFOA，さらにはペルフルオロノナン酸（$C_8F_{17}COOH$, PFNA），ペルフルオロデカン酸（$C_9F_{19}COOH$），ペルフルオロウンデカン酸（$C_{10}F_{21}COOH$）といったペルフルオロアルキル基が長い PFCA 類（長鎖 PFCA 類）が北極圏の野生動物中に PFOA の濃度以上に蓄積していることもわかった [23]（図 3.10）．

　人体中の濃度に関する報告例は，最初のうちはこういう化合物を製造している工場の作業者に関するデータが多かった．Olsen らはアラバマ州の作業者から採取した 263 名分の血清試料について測定し，PFOS および PFOA の濃度がそれぞれ $0.06\sim10.06$，$0.04\sim12.70\,\mathrm{mg}\,\mathrm{L}^{-1}$ の範囲であったと報告している [24]．一般人については Hansen らが米国人の血清 65 試料の PFOS，PFOA およびペルフルオロヘキサンスルホン酸（$C_6F_{13}SO_3{}^-$；PFHS）の濃度を測定した例が世界で最初の報告と思われるが，それぞれ $6.7\sim81.5$，$<5\sim35.2$，$<1.5\sim21.4\,\mu\mathrm{g}\,\mathrm{L}^{-1}$ であった [25]．当然のことながら一般人中のこれらの化合物の濃度は工場作業者の場合よりも低い．Kannan らは 9 ヶ国から集めた 473 の血液試料について PFOS，PFHS，PFOA，ペルフルオロオクタンスルホンアミド（$C_8F_{17}SO_2NH_2$；

78　第3章　フッ素化合物の環境化学

PFOSA），さらには長鎖 PFCA 類の分析を行った [26]．その結果，これらの化合物の中では PFOS の濃度が最も高く，国別で見ると米国とポーランドが高く（＞30 µgL⁻¹），韓国，ベルギー，マレーシア，ブラジル，イタリアおよびコロンビアが中程度（3〜29 µgL⁻¹）でインドが最低（＜3 µgL⁻¹）となっている．また，PFOS に次いで濃度が高いのは PFOA であり，他の化合物の濃度は PFOS の濃度の 1/5〜1/10 であった．性別や年齢による系統的な違いはなく，これらの化合物の濃度分布も試料の起源ごとに異なっていることから複数の暴露形態があるのではないかと推測している．この時期の日本人の試料については Taniyasu らが 10 名の全血試料中の PFOS について 2.4〜14 µg L⁻¹ [27]，Inoue らが 21 名の血漿について PFOS，PFOA および PFOSA がそれぞれ 10.4〜31.9 µg L⁻¹，＜0.5〜4.1 µg L⁻¹，＜1.0 µg L⁻¹（検出限界以下）であったと報告している [28]．対象人数も米国の場合のように多くはないが，少なくとも数 µg L⁻¹ の PFOS が血液中に存在していることがわかる．また，PFOA や PFOSA は検出されたり，されなかったりばらついていた．

　環境水中の PFOS，PFOA およびそれらの関連物質を定量した報告例は枚挙に暇がないためここでは先駆的な研究のいくつかを紹介したい．So らは中国（香港 6 地点，珠洲江デルタ地域 8 地点）と韓国（南部，西部の計 11 地点）の沿岸域における PFOS，PFHS，ペルフルオロブタンスルホン酸（C₄F₉SO₃⁻；PFBS），PFOA，PFNA，および PFOSA の海水中の濃度を測定している [29]．それによると香港，珠洲江デルタ地域，韓国で PFOS は 0.02〜3.1 ng L⁻¹，0.02〜12 ng L⁻¹，0.04〜730 ng L⁻¹，PFOA は 0.73〜5.5 ng L⁻¹，0.24〜16 ng L⁻¹，0.24〜320 ng L⁻¹ であった．ただし韓国における測定値は 1 ヶ所が特異的に高く（PFOS 730 ng L⁻¹，PFOA 320 ng

L^{-1}), これを除くと PFOS は 0.04〜3.1 ng L^{-1}, PFOA は 0.24〜11
ng L^{-1} の範囲であった. 日本では Saito らが河川水 126 点の PFOS
濃度を 0.3〜157 ng L^{-1}, 16 点の沿岸水について 0.2〜25.2 ng L^{-1}
と報告している [30]. また, Yamashita らは東京湾内の 3 ヶ所に
ついて PFOS, PFHS, PFOA が 12.7〜25.4, 3.3〜5.6, 154.3〜192.0
ng L^{-1} であったと報告している [31]. 環境省も平成 14 年度化学
物質環境汚染実態調査で初めて PFOS と PFOA を対象物質として
採用した. その結果, 20 地点での環境水中の PFOS 濃度は 0.07〜24
ng L^{-1}, PFOA は 0.33〜100 ng L^{-1} の範囲であった [32].

3.8 PFOS, PFOA の分析の難しさ

PFOS, PFOA の定量分析は装置さえあれば誰でも簡単にできる
というわけではない. このような化合物の分析は通常, 高速液体ク
ロマトグラフ・タンデム質量分析法 (LC/MS/MS) という, 高速液
体クロマトグラフィー (HPLC) の中でも特殊で (環境分析の世界
ではかなり普及してきているが) しかも装置の価格も高い方法で行
われる. その際, 例えばフッ素樹脂製の送液チューブや接続コネク
タ等を使うとノイズのレベルが高くなり環境水中の濃度 (ng L^{-1}
のレベル) の測定が困難になる [31]. このため新しい装置ほどそ
ういう部品を多く使っているため定量下限値が上昇してしまうとい
う笑えない話もあった. また, 定量の際に濃度の基準として用いる
標準物質の純度の問題もあった [33]. 報告例が増えるに従って
データの信頼性が懸念されるようになってきたため, 同じ試料を複
数の研究機関が各自の方法で測定した場合に, 結果がどう違ってく
るかを調べる国際比較研究 (Interlaboratory study) が 13 ヶ国, 38
研究機関が参加して行われた [34]. その結果は PFOS の水試料に

80　第 3 章　フッ素化合物の環境化学

コラム 8

PFOA 標準液は安定か？

　PFOA や PFOS は，環境分析にかかわる研究者の常識として環境残留性や生体蓄積性の非常に高い環境汚染物質であると理解されているが，本当だろうか．確かに，特殊な条件下でないと短鎖のフッ素化合物に分解できないことは事実である．そこで本コラムでは PFOA 標準液（メタノール溶液）の不安定性について紹介したい．

　「メタノールに溶解しているだけの PFOA は安定」と思うのは至極当然である．実際，試薬メーカーから PFOA メタノール標準液が，有効期限 3〜5 年程度で市販されている．ただし，これは安定性を担保できた保管条件（特に pH）を設定したためであり，PFOA をメタノールで希釈しただけの標準液は安定とは言い切れない．その実例を右図に示す．調整直後（0 ヶ月）はほぼ全量 PFOA（灰色）だが，時間経過に伴いメチル PFOA（黒塗）が増加傾向を示している．これはカルボン酸（PFOA）とアルコール（メタノール）のエステル化反応の結果である．PFOA は反応助剤として知られるトリフルオロ酢酸とよく似た構造を有しており，非常に低い pK_a を示す．つまり，溶液中の PFOA が自身の低い pK_a の影響によりメタノール内でメチルエステル化したと考えられる．バー（測定の標準偏差）も時間経過に伴い増大しており，読者の諸君が思うほど PFOA 標準液は安定ではない．この実験では使用した分析装置もポイントになる．PFOA は日本工業規格などの分析法では LC/MS/MS での分

ついて，平均値 34 ng L^{-1}，最大値 112 ng L^{-1}，最小値 4.7 ng L^{-1}，相対標準偏差 95%，PFOA の水試料も平均値 41 ng L^{-1}，最大値 190 ng L^{-1}，最小値 3.4 ng L^{-1}，相対標準偏差 118% となり，同じ試料でも最大値と最小値で 2 桁も異なるという驚くべき結果となった．比較研究活動には自分たちの分析データに自信を持っているところが参加するものである．それにもかかわらずこれだけの差が出たこ

析が推奨されているが，メチル PFOA は分析困難である．そのため，GC/MS でメチル PFOA を評価している．常識（PFOA は LC/MS/MS で分析する安定な物質）にとらわれず実験したことで思わぬ結果が得られた例と思う．

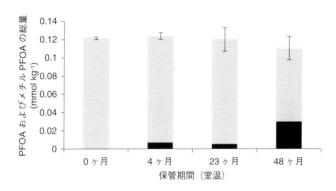

図 室温で保管された PFOA メタノール標準液中の PFOA およびメチル PFOA 量
バーは PFOA およびメチル PFOA の測定の標準偏差を示す．

（産業技術総合研究所計量標準総合センター　羽成修康）

とは大きな衝撃であった．測定者（機関）により定量値に差が出ることは，こういった化合物に関して排出や環境濃度に関する基準値が設定された場合に大きな混乱を起こしかねない．そこで水中のPFOS, PFOA の定量について信頼できる方法を定める ISO 国際標準化活動が 2005 年に我が国の主導で始まり，2009 年 3 月に国際標準分析法（ISO 25101, Water Quality—Determination of perfluorooctanesulfonate（PFOS）and perfluorooctanoate（PFOA）—Method for unfiltered samples using solid-phase extraction and liquid chromatography/mass spectrometry，日本規格協会による邦訳は，水質—パーフルオロオクタンスルホン酸及びパーフルオロオクタン酸の定量—未ろ過試料の固相抽出及び液体クロマトグラフ／質量分析法）が発行された．

3.9　PFOS, PFOA の物理化学的な性質

　上述のように PFOS, PFOA およびそれらの関連物質は人工物質であるにもかかわらず，極地のような人間がほとんど活動していない場所でも検出されている．これらの化合物の濃度は産業活動が盛んな地域ほど高いので，発生源はこれらの製造や使用をしている場所であることは容易にわかるが，どうやって地球規模まで広まったのであろうか．そのことを考えるためにまず，PFOS の物理化学的性質について見てみよう．PFOS の物性値は主にカリウム塩について報告されている．まず融点は不明である [35, 36]．ただし，測定装置の上限である 400℃ でも融解しなかったという報告があるので 400℃ より高いことは確かである．蒸気圧は 3.31×10^{-4} Pa という報告例があったが揮発性の不純物によるものであることがわかっており，真の値は不明である．ただし計算で推定した例があり，融点を 400℃ と仮定して 1.9×10^{-9} Pa という値が得られている．この値は，PFOS は不揮発性，すなわち昇華性がないことを意味する．水中の飽和溶解度は 20℃ で 519 mg L^{-1} であり，水には結構溶けることがわかる．PFOS のカチオン部分が H$^+$ の場合，つまり酸の場合の酸解離定数 pK_a（$= -\log([C_8F_{17}SO_3^-][H^+]/[C_8F_{17}SO_3H])$）は非常に低く（1 以下），水中ではほとんど解離して $C_8F_{17}SO_3^-$ とし

て存在すると言われていた。最近 PFOS の pK_a について詳しい測定がなされたが、それでも 0.3 以下という値になっている [37]。

環境動態の解明に必須な物理化学定数にヘンリー定数 (K_H) がある。これは化学物質の大気−水間における分配係数で、3.23 式で定義される。C_w は対象とする物質の水中濃度、P は気相分圧である。

$$C_w = K_H P \tag{3.23}$$

K_H は大気と雲、海洋等の分配を介した物質の輸送過程に関連する。K_H が小さければ、それだけ大気に分配され、大気経由で輸送されやすいことを意味する。PFOS の K_H は $3.13 \times 10^3 \, Pa^{-1} \, m^{-3} \, mol$ と推定されている。この値は、大気と水が接している場合、PFOS は水中にほとんど存在し、大気中には揮発しないことを意味する。

一方、PFOA の物理化学的性質を見てみると [38]、融点は 45〜50℃、沸点は圧力 736 mmHg において 189〜192℃、蒸気圧は 10 mmHg（＝1330 Pa）である。また水中の飽和溶解度は 20℃ で 3.4 g L^{-1} である。PFOA の pK_a についてはいろいろな値が報告されていた。米国環境保護局（USEPA）は 2.5 [38]、Moroi らはさまざまな PFCA 類の酸解離定数の測定結果の傾向から類推して 1.5 [39]、さらに Vierke らは 0.5 と発表している [37]。最新の報告値になるに従って数値が低くなっているが、いずれにしてもこれらの数値は通常の環境水中では PFOA は大部分が解離して $C_7F_{15}COO^-$ として存在することを意味する。

PFOA の K_H についても多くの研究者が測定を試みてきたが、正確な値を得ることはかなり難しい。その測定は通常パージ法、すなわち対象物質の水溶液に空気を送り込んで水相中の対象物質の濃度変化を解析することで求めるのであるが、PFOA のような炭素数が

8程度のPFCA類は大きな界面活性効果があるため水相が泡立ってしまい，正確な値が求めにくいためである．この問題を解決するためKutsunaらはガラスらせん板を用いる実験装置を製作し（図3.11），PFCA類のK_Hを精密に測定することに成功した [40]．測定された値はpK_aが2.8の場合で9.9 ± 1.5 mol dm^{-3} atm^{-1}，1.3の場合で5.0 ± 0.2 mol dm^{-3} atm^{-1}であった（上述のPFOSの値とは単位が異なることに注意．当時はpK_aの正確な値が不明であったため2つのpK_a値についてK_Hを出している）．

これらの研究結果はPFOAもPFOSと同様に大気と水が接している場合，大部分は水中に存在することを示している．

従来，有機化合物が地球規模で遠方に運ばれる機構としては，揮発して大気経由で移動するのが常識であった．なぜなら3.1節と3.2

図3.11　ヘンリー定数測定装置
ガラスらせん板を用いたパージ容器の部分．（写真提供：産業技術総合研究所忽那周三博士）→口絵4参照

節で見たように，大気の輸送は海洋よりもずっと速いためである．

　そうすると揮発性が低い PFOS，PFOA がなぜ遠隔地で検出されるのかが問題となる．その理由については，PFOS や PFOA とは別の揮発性が高い有機フッ素化合物（PFOS 関連物質あるいは PFOA 関連物質と呼ばれるもの）が大気経由で遠隔地に運ばれた後に沈降し，そこで PFOS や PFOA になるという説が出され，実際に揮発性の関連物質が検出されていた [41, 42]．しかしながら国際的な規制の検討のために PFOS，PFOA およびそれらの関連物質の製造・使用量や物理化学的性質が詳しく調べられるようになった結果，最近ではこのような化合物の大部分は海流で運ばれて地球規模まで拡散したという説が有力になっている [43, 44]．

3.10　PFOS, PFOA 問題の今後の動向

　以上のように PFOS，PFOA およびそれらの関連物質の地球規模での残留性や生体蓄積性が明らかになったため，これらの化合物の製造や使用に関する国際的な規制が検討されるようになった．PFOS については 2005 年 6 月にストックホルム条約での規制の検討が開始され（スウェーデンが附属書 A 物質，つまり製造，使用，輸出入の禁止を提案した），紆余曲折を経て 2009 年 5 月の第 4 回締約国会議において PFOS およびその原料であるペルフルオロオクタンスルホニルフルオリド（$C_8F_{17}SO_2F$, PFOSF）の附属書 B 物質（製造，使用，輸出入の制限）への追加が決定した [45]．これにより国際的な規制が本格的に行われることになった．一方 PFOA については USEPA が 2006 年 1 月に世界の主要フッ素企業 8 社に対し，PFOA および長鎖 PFCA 類および前駆体の工場排出やフッ素製品中の残留を 2015 年までにゼロにする自主削減プログラム

コラム 9

ストックホルム条約

ストックホルム条約は正式名称を残留性有機汚染物質に関するストックホルム条約（Stockholm Convention on Persistent Organic Pollutants（POPs））と言い，POPs条約と略称される．この条約は，①環境中での残留性，②生物蓄積性，③人や生物への毒性が高く，④長距離移動性が懸念される残留性有機汚染物質（POPs: Persistent Organic Pollutants）の製造および使用の廃絶，排出の削減，これらの物質を含む廃棄物等の適正処理等を締約国が協調して行うべきことを規定しており，2004年5月17日に発効した．2014年9月現在，151ヶ国および欧州連合（EU）が署名し，我が国を含む178ヶ国およびEUが締結している．なお，米国は批准していない．条約が規制の対象とする物質は上述の①〜④の性質をすべて満たすものであり，附属書A物質（製造，使用，輸出入の原則禁止），B物質（製造，使用，輸出入の制限），C物質（非意図的生成物の排出の削減および廃絶）に分類される．2017年1月現在，A物質にはアルドリン，エンドスルファン類，エンドリン，クロルデコン，クロルデン，ディルドリン，ヘキサクロロシクロヘキサン類，ヘキサクロロベンゼン，ヘキサブロモビフェニル，ヘプタクロル，ペンタクロロベンゼン，ポリブロモジフェニルエーテル類，マイレックス，トキサフェン，PCB，およびヘキサブロモシクロドデカンが，B物質にはDDT，PFOSおよびその塩とPFOSFが指定されている．

[1] 外務省：「ストックホルム条約」http://www.mofa.go.jp/mofaj/gaiko/kankyo/jyoyaku/pops.html（アクセス2017年1月22日）

[2] 環境省：「ストックホルム条約」http://www.env.go.jp/chemi/pops/treaty.html（アクセス2017年1月22日）

[3] 経済産業省：「POPs条約」http://www.meti.go.jp/policy/chemical_management/int/pops.html（アクセス2017年1月22日）　（堀　久男）

（PFOA Stewardship program）に参加するよう提案し（2006年3月までに全社が同意），規制に先立って自主的な削減が進行した[46]．2015年10月にはEUによりストックホルム条約の検討委員会においてPFOAとその塩類，さらには関連物質（環境中でPFOAになる可能性がある物質）を，附属書A物質，B物質，あるいはC物質（非意図的生成物の排出削減，廃絶）へ指定することが提案され[47]，2017年8月現在，条約への追加が審議中である．

　現在，リスクの検討はPFOS，PFOAの代替物質として普及しているペルフルオロアルキル基が短いPFAS類とPFCA類に移りつつある．例えばPFOSの代替物質の代表的な存在はペルフルオロブタン酸，（$C_4F_9SO_3H$，PFBS）である．PFBSの利用が始まったのはPFOS問題が顕在化した後であるが，近年ラブラトル海や大西洋の海水中でPFOSやPFOAと同等の濃度のPFBSが検出されている[48, 49]．PFOSやPFOAが60年以上使用されて蓄積された結果がこの海洋中の濃度とすると，使用が始まってからそれほど年数が経っていないPFBSの濃度がそれらと同程度ということは不思議であるが，PFBSが水中で移動しやすいことを反映していると思われる[50]．環境水中では環状のペルフルオロエチルシクロヘキサンスルホン酸（PFECHS）等の不思議な構造の化合物（図3.10）も検出されている[51]．

　分析技術が進歩するに従って環境水や生物試料中の有機フッ素化合物を化学種ごとに定量することが可能になってきた．その一方で，未知の有機フッ素化合物もあり，全部の化学種の濃度を定量するのは大変なので試料中に含まれる有機フッ素化合物全体の濃度を把握したほうがいい場合がある．ちょうど第1章で紹介した全有機炭素量のフッ素版である全有機フッ素量という概念である．そのような目的に使用される分析方法に総フッ素分析がある（コラム

88　第3章　フッ素化合物の環境化学

コラム 10

総フッ素分析で未知有機フッ素化合物を推定

　今までに PFOS や PFOA など多くのフッ素化合物を大量に使用・排出しており，それらの環境中での分解物まで含めると多種多様なフッ素化合物が環境中に存在している．その一部の化合物を個別に分析することで，化合物の環境汚染実態や環境中挙動解析などの研究が行われている．ただし，既知の化合物であれば個別に分析することができるが，環境中での分解物を含めた未知の化合物を分析することはできない．そこで，総フッ素分析法を用いた未知のフッ素化合物の存在を推定する方法が考案された [1]．

　総フッ素分析法とは，酸素濃度がほぼ 100% の状態で 900℃ 以上の高温にすることで，分析試料を完全に熱分解・酸化分解し，すべてのフッ素化合物中のフッ素総量を測定する方法である．フッ化ナトリウム，フッ化カルシウムなどの無機フッ素化合物やフッ素樹脂などの有機フッ素化合物を区別することなく，試料中のフッ素総量を測定できる．これはメリットでもあるが，フッ素化合物を区別できないため，デメリットでもある．そのため，総フッ素分析法と特定の前処理を組み合わせることで，PFOS や PFOA と類似する未知有機フッ素化合物の存在を推定した [2]．

　具体的には，PFOS や PFOA などは極性基を持っているため，その極性基を保持しやすい吸着剤で前処理をすることで，PFOS やその類縁物のみを濃縮することができた．その試料中に含まれる既知フッ素化合物の個別分析と総フッ素分析の結果を比較することで，PFOS と近い物性を持った未知の有機フッ素化合物の存在を推定することができた．このように，未知の有機フッ素化合物の存在が明らかになったことから，現在，未知化合物を網羅的に同定する研究

----

10 参照）．

が数多く行われている．

　一つひとつの化合物を分析することは重要であるが，総フッ素分析のようなある物質の総量を分析する方法を組み合わせることで，今まで見えなかった事実が見えるようになることを期待したい．

図　総フッ素分析装置（燃焼イオンクロマトグラフ）
→口絵5参照

[1] Y. Miyake, N. Yamashita, MK. So, P. Rostkowski, S. Taniyasu, PKS. Lam, K. Kannan, *J. Chromatogr. A*, **1154**, 214-221（2007）

[2] Y. Miyake, N. Yamashita, P. Rostkowski, MK. So, S. Taniyasu, PKS. Lam, K. Kannan, *J. Chromatogr. A*, **1143**, 98-104（2007）

（静岡県立大学食品栄養科学部　三宅祐一）

参考文献

[1] D. J. ジェイコブ, 近藤 豊訳:『大気化学入門』東京大学出版会 (2010).

[2] 気象庁:「月平均オゾン分圧の高度分布グラフ」http://www.data.jma.go.jp/gmd/env/ozonehp/sonde_graph_monthave.html (アクセス 2017 年 1 月 2 日).

[3] 原圭一郎, エアロゾル研究, **18**, 200 (2003).

[4] 古川昭雄, 国立環境研究所ニュース, **8**, 10 (1989).

[5] M. Igawa, K. Kojima, O. Yoshimoto, B. Nanzai, *Atmos. Res.*, **151**, 93 (2015).

[6] 気象庁:「海洋表層の循環の模式図」http://www.data.jma.go.jp/kaiyou/db/obs/knowledge/circulation.html (アクセス 2017 年 8 月 25 日).

[7] 小倉紀雄, 一國雅巳:『環境化学』裳華房 (2006).

[8] ウォーレス ブロッカー, 川幡穂高訳:『気候変動はなぜ起こるのか』講談社 (2013).

[9] 多田隆治:『気候変動を理学する―古気候学が変える地球環境観』みすず書房 (2013).

[10] 松見 豊:「光資源を活用し, 創造する科学技術の振興―持続可能な「光の世紀」に向けて―, 第 1 章, 光と地球環境」, 文部科学省科学技術・学術審議会・資源調査分科会報告書 (2007) http://www.mext.go.jp/b_menu/shingi/gijyutu/gijyutu3/toushin/attach/1333534.htm (アクセス 2017 年 1 月 3 日).

[11] 山辺正顕監修:『とことんやさしいフッ素の本』日刊工業新聞社 (2012).

[12] 気象庁:「世界における大気中のクロロフルオロカーボン類とその他のハロゲン化合物類の濃度の経年変化」http://ds.data.jma.go.jp/ghg/kanshi/ghgp/cfcs_trend.html (アクセス 2017 年 8 月 26 日).

[13] 気象庁:「南極オゾンホールの年最大面積の経年変化」http://www.data.jma.go.jp/gmd/env/ozonehp/link_hole_areamax.html (アクセス 2017 年 8 月 24 日).

[14] 経済産業省:「オゾン層破壊係数 (ODP 値) 一覧」http:// www.meti.go.jp/policy/chemical_management/ozone/files/ODS&ODP.pdf. (アクセス 2017 年 1 月 6 日).

[15] REGULATION (EU) No 517/2014 OF THE EUROPEAN PARLIAMENT AND OF THE COUNCIL of 16 April 2014 on fluorinated greenhouse gases and repealing Regulation (EC) No 842/2006 (2014).

[16] 経済産業省:「温暖化係数の低い新規冷媒 (HFO-1234 yf) について」(平成 23 年 2 月) http://www.meti.go.jp/committee/summary/0001815/015_11_00.pdf (アクセス 2017 年 1 月 6 日).

[17] 環境省地球環境局フロン対策室:「自然冷媒機器の普及に向けた補助金等について」(平成 27 年 4 月) http://www.jreco.or.jp/koubo_files/env_hojokin_201504.pdf

（アクセス 2017 年 1 月 6 日）.

[18] R. Renner, *Environ. Sci. Technol.*, **35**, 154 A（2001）.

[19] J. P. Giesy, K. Kannan, *Environ. Sci. Technol.*, **35**, 1339（2001）.

[20] K. Kannan, C. Franson, W. W. Bowerman, K. J. Hansen, P. D. Jones, J. P. Giesy, *Environ. Sci. Technol.*, **35**, 3065（2001）.

[21] K. Kannan, J. Koistinen, K. Beckmen, T. Evans, J. F. Gorzelany, K. J. Hansen, P. D. Jones, E. Helle, M. Nyman, J. P. Giesy, *Environ. Sci. Technol.*, **35**, 1593（2001）.

[22] S. Taniyasu, K. Kannan, Y. Horii, N. Hanari, N. Yamashita, *Environ. Sci. Technol.*, **37**, 2634（2003）.

[23] J. W. Martin, M. M. Smithwick, B. M. Braue, P. F. Hoekstra, D. C. G. Muir, S. A. Mabury, *Environ. Sci. Technol.*, **38**, 373（2004）.

[24] G. W. Olsen, J. M. Bussis, M. M. Burlew, J. H. Mandel, *J. Occupational Env. Med.*, **45**, 260（2003）.

[25] K. J. Hansen, L. A. Clemen, M. E. Ellefson, H. O. Johnson, *Environ. Sci. Technol.*, **35**, 766（2001）.

[26] K. Kannan, S. Korosolini, J. Falandysz, G. Fillmann, K. S. Kumar, B. G. Loganathan, M. A. Moud, J. Olivero, N. V. Wouwe, J. H. Yang, K. M. Aldous, *Environ. Sci. Technol.*, **38**, 4489（2004）.

[27] S. Taniyasu, K. Kannan, Y. Horii, N. Hanari, N. Yamashita, *Environ. Sci. Technol.*, **37**, 2634（2003）.

[28] K. Inoue, F. Okada, R. Ito, M. Kawaguchi, N. Okanouchi, H. Nakazawa, *J. Chromatogr. B*, **810**, 49（2004）.

[29] M. K. So, S. Taniyasu, N. Yamashita, J. P. Giesy, J. Zheng, Z. Fang, S. H. Im, P. K. Lam, *Environ. Sci. Technol.*, **38**, 4056（2004）.

[30] N. Saito, K. Sasaki, K. Nakatome, K. Harada, T. Yoshinaga, A. Koizumi, *Arch. Environ. Contam. Toxicol.*, **45**, 149（2003）.

[31] N. Yamashita, K. Kannan, S. Taniyasu, Y. Horii, T. Okazawa, G. Patrick and T. Gamo, *Environ. Sci. Technol.*, **38**, 5522（2004）.

[32] 環境省環境保健部環境安全課：「平成 15 年度版 化学物質と環境」（平成 16 年 3 月）http://www.env.go.jp/chemi/kurohon/http 2003/index.html（アクセス 2017 年 1 月 11 日）.

[33] J. W. Martin, K. Kannan, U. Berger, P. de Voogt, J. Field, J. Franklin, J. P. Giesy, T. Harner, D. C. G. Muir, B. Scott, M. Kaiser, U. Jarnberg, K. C. Jones, S. A. Mabury, H. Schroeder, M. Simcik, C. Sottani, B. van Bavel, A. Karrmann, G. Lindstrom, S. van Leeuwen, *Environ. Sci. Technol.*, **38**, 248 A（2004）.

92 第3章 フッ素化合物の環境化学

[34] S. P. J. van Leeuwen, A. Karrman, B. van Bavel, J. de Boer, G. Lindstrom, *Environ. Sci. Technol*., **40**, 7854 (2006).

[35] Organisation for Economic Co-operation and Development, Environment Directorate, Joint Meeting of the Chemicals Committee and the Working Party on Chemicals, Pesticides and Biotechnology, Hazard Assessment of Perfluorooctane Sulfonate (PFOS) and its Salts, ENV/JM/RD (2002) 17 FINAL (2002).

[36] 環境省環境保健部環境リスク評価室:『化学物質の環境リスク評価』第3巻, p.884 (2004).

[37] L. Vierke, U. Berger, I. Cousins, *Environ. Sci. Tschnol*., **47**, 11032 (2013).

[38] USEPA, Preliminary Risk Assessment of the Developmental Toxicity Associated with Exposure to Perfluorooctanoic Acid (PFOA) and its Salts. OPPT, Risk Assessment Division. Washington, DC. April 10 (2003).

[39] Y. Moroi, H. Yano, O. Shibata, T. Yonemitsu, *Bull. Chem. Soc. Jpn*. **74**, 667 (2001).

[40] S. Kutsuna, H. Hori, *Atmos. Environ*., **42**, 8883 (2008).

[41] J. R. Martin, D. A. Ellis, S. A. Mabury, M. D. Hurley, T. J. Wallington, *Environ. Sci. Technol*., **40**, 8642 (2006).

[42] D. A. Ellis, J. W. Martin, A. O. De Silva, S. A. Mabury, M. D. Hurley, M. P. S. Andersen, T. J. Wallington, *Environ. Sci. Technol*., **38**, 3316 (2004).

[43] F. Wania, *Environ. Sci. Technol*., **41**, 4529 (2007).

[44] I. T. Cousins, D. Kong, R. Vestergren, *Environ. Chem*., **8**, 339 (2011).

[45] Report of the Conference of the Parties of the Stockholm Convention on Persistent Organic Pollutants on the work of its fourth meeting, UNEP/POPS/COP.4/38, 8 May 2009.

[46] USEPA, 2010/2015 PFOA Stewardship Program, https://www.epa.gov/assessing-and -managing-chemicals-under-tsca/and-polyfluoroalkyl-substances-pfass-under- tsca#tab-3 (アクセス2017年1月22日).

[47] Stockholm Convention on Persistent Organic Pollutants, Persistent Organic Pollutants Review Committee Eleventh meeting, Rome, 19-23 October 2015. UNEP/POPS/ POPRC.11/5. http://chm.pops.int/TheConvention/ThePOPs/ChemicalsProposed- forListing/tabid/2510/Default.aspx (アクセス2017年1月6日).

[48] N. Yamashita, S. Taniyasu, G. Petrick, S. Wei, T. Gamo, P. K.S. Lam, K. Kannan, *Chemosphere*, **70**, 1247 (2008).

[49] J. P. Benskin, D. C. G. Muir, B. F. Scott, C. Spencer, A. O. De Silva, H. Kylin, J. W. Martin, A. Morris, R. Lohmann, G. Tomy, B. Rosenberg, S. Taniyasu, N. Yamashita, *Environ. Sci. Technol*., **46**, 5815 (2012).

参考文献　*93*

[50] L. Vierke, A. Moller, S. Klitzke, *Environ. Pollut*. **186**, 7（2014）.

[51] A. O. De Silva, C. Spencer, B. F. Scott, S. Backus, D. C. G. Muir, *Environ. Sci. Technol*., **45**, 8060（2011）.

おわりに

　本書ではフッ素化合物，それも炭素・フッ素結合を有する有機フッ素化合物の分解・無害化方法や地球規模での環境化学的な挙動について解説した．読者の皆様は難分解性で廃棄物の処理が難しいとか，フロンが成層圏のオゾン層を破壊し，PFOS が野生動物に蓄積しているといった内容から，フッ素化合物は地球上の厄介者という印象を持つかもしれない．確かにこういう面はフッ素化合物の短所である．しかしながら短所だけ持つ人間，あるいは長所だけ持つ人間がいないのと同じで，世の中で使われているあらゆる化学物質には長所と短所がある．フッ素化合物の長所，すなわち我々の生活にどのように役立っているのかを記述した本は多数あるが，大学1～2年生の諸君にわかりやすく，値段も手頃なものとして山辺正顕博士が監修した『とことんやさしいフッ素の本』(F&F インターナショナル編著，日刊工業新聞社，2012 年発行) がある．関心がある方にご一読をお勧めしたい．人間の場合と同じで，良い面と悪い面の両方があってちょっと癖があるからこそ，フッ素化合物は化学物質として大きな魅力があると思う．

索　引

【数学・英字】

AOP ································8, 12

CFC-113 ··························24

CFC-12 ··················65, 68, 72

CFCs ···············53, 61, 64, 72, 76

ETFE·····························38, 49

GWP ·······················37, 47, 73

HCFC-123 ························72

HCFCs ···························66, 72

HFCs ····························66, 72

HFO-1234yf ······················73

HO₂ ラジカル ·················13, 29, 63

LC/MS/MS ························79

ODP ······························72

OH ラジカル ···5, 7, 9, 17, 23, 29, 38, 62

PBL ······························55

PCB ·······················29, 31, 86

PFAS 類 ·······35, 37, 44, 47, 74, 87

PFBS ···················75, 78, 87

PFCA 類 ·······35, 37, 74, 77, 83, 87

PFHS ····························77

PFNA·······················75, 77

PFOA ·············8, 36, 38, 74, 87

PFOS ···············35, 44, 74, 87

PFOSF ····························85

p*K*a ·······················80, 82

POPs ·······················56, 59, 86

PVDF·····························38, 49

SCWO ····························29

TOC ··························10, 18

UV-A ·····························1

UV-B ·····························1

UV-C ·····························1

VOC ·····························14

【ア行】

亜熱帯循環 ························59

亜臨界水 ···············24, 27, 37, 44

イオン液体 ·····················38, 45

イオン交換膜 ···············35, 37, 47

イオン積 ··························28

一酸化塩素 ························65

海風 ·····························58

エチレン・テトラフルオロエチレン共重
　合体 ····························38

オキソン ··························19

オゾン ···············2, 8, 20, 54, 61, 70

オゾン線 ·······················2, 5

オゾン層 ···············53, 61, 66, 68, 72

オゾン（層）破壊係数 ···············72

オゾン層破壊物質 ···················24

オゾンホール ······················69

オゾンレスランプ ··················2

【カ行】

界面活性剤·················12, 35, 37

海陸風循環 ························58

過酸化水素　………………8, 20, 47, 50
加水分解　………………………………28

揮発性有機汚染物質　………………………14
気泡　………………………………13, 22
キャビティ　………………………22, 26

クロロフルオロカーボン　………………65
クロロフルオロカーボン類
　　　　　　　………………24, 53, 66, 72

高圧水銀ランプ　……………………………3
高速液体クロマトグラフ・タンデム質量
　分析法　………………………………79

【サ行】

殺菌線　…………………………………2
酸解離定数　……………………………82
酸化力　………5, 8, 14, 16, 20, 38
残留性有機汚染物質　………………56, 86

紫外線照射　………1, 4, 8, 18, 37, 40
新冷媒　……………………………………65

水銀キセノンランプ　…………………3, 8
水酸ラジカル　…………………………5, 16
ストックホルム条約…………56, 74, 85

成層圏　……………53, 61, 65, 71
全有機炭素量　………………10, 12, 87

総フッ素分析　……………………………87
促進酸化法　…………………………8, 38

【タ行】

代替フロン　……………………………72
対流圏　……………53, 62, 65, 72

地球温暖化係数　…………………37, 73
窒素酸化物　………………………55, 62

中圧水銀ランプ　……………………1, 3, 7
超音波　………………9, 22, 37, 42
超臨界水…………………31, 44, 49
超臨界水酸化　……………………………29
直接光分解　………………………………8

低圧水銀ランプ　…………………………1, 7
鉄イオン　………………………37, 43
電解硫酸……………………………………20

トリクロロエチレン…………………………14

【ナ行】

ナフィオン膜　……………………………47

熱塩循環……………………………………60
熱可塑性フッ素ポリマー　………………48
熱水　………24, 28, 30, 41, 44, 46

ノンフロン冷媒……………………………73

【ハ行】

ハドレーモデル……………………………57

光触媒　…………………………37, 43
ヒドロクロロフルオロカーボン　…65, 72
ヒドロフルオロカーボン　………65, 72
ヒドロペルオキシルラジカル　……13, 63
比誘電率…………………………………28
標準酸化還元電位　……………9, 13, 16

風成循環……………………………………59
フェントン試薬　………12, 14, 22, 47
フェントン反応　……5, 11, 16, 19, 21, 24
フッ素系イオン液体　………………38, 45
フッ素系イオン交換膜　…………37, 47
フッ素ポリマー…………35, 37, 48
フロン　…………………………53, 71

ヘテロポリ酸 ……………………………37
ペルオキソ一硫酸イオン ………………19
ペルオキソ二硫酸イオン …………14, 37
ペルフルオロアルキル基 …8, 45, 77, 87
ペルフルオロアルキルスルホン酸類
　　……………………………………35, 74
ペルフルオロオクタン酸 ………8, 36, 74
ペルフルオロオクタンスルホニルフルオ
　リド …………………………………85
ペルフルオロオクタンスルホン酸
　　……………………………………35, 74
ペルフルオロカルボン酸類……35, 42, 74
ペルフルオロノナン酸 …………75, 77
ペルフルオロブタンスルホン酸 ………78
ペルフルオロヘキサンスルホン酸 ……77
偏西風 ……………………………57, 60
ヘンリー定数 ……………………………83

ボールミル ………………………………31
蛍石 ………………………………………36
ポリテトラフルオロエチレン …………48
ポリフッ化ビニリデン …………………38

【マ行】

水俣条約 …………………………………6
メカノケミカル反応 ……………………29

【ラ行】

陸風 ………………………………………58
硫酸イオンラジカル ……………………16
臨界点 ……………………………………26

【ワ行】

惑星境界層 ………………………………55

Memorandum

〔著者紹介〕

堀　久男（ほり　ひさお）
1990年　慶應義塾大学大学院理工学研究科応用化学専攻後期博士課程修了
現　在　神奈川大学理学部化学科教授
　　　　国立研究開発法人産業技術総合研究所環境管理研究部門
　　　　客員研究員（兼務）
　　　　工学博士
専　門　環境負荷物質の分解・無害化，再資源化

化学の要点シリーズ　24　Essentials in Chemistry 24
フッ素化合物の分解と環境化学
Decomposition Technology and Environmental Chemistry for Organofluorine Compounds

2017年11月25日　初版1刷発行

著　者　堀　久男
編　集　日本化学会　Ⓒ2017
発行者　南條光章
発行所　共立出版株式会社
　　　　［URL］　http://www.kyoritsu-pub.co.jp/
　　　　〒112-0006 東京都文京区小日向4-6-19　電話 03-3947-2511（代表）
　　　　振替口座　00110-2-57035
印　刷　藤原印刷
製　本　協栄製本
　　　　　　　　　　　　　　　　　　　　　　　　　　printed in Japan

検印廃止　　　　　　　　　　　　　　　　　　　一般社団法人
NDC 435.33　　　　　　　　　　　　　　　　　自然科学書協会
ISBN 978-4-320-04465-4　　　　　　　　　　　　　　会員

JCOPY ＜出版者著作権管理機構委託出版物＞
本書の無断複製は著作権法上での例外を除き禁じられています．複製される場合は，そのつど事前に，出版者著作権管理機構（ＴＥＬ：03-3513-6969，ＦＡＸ：03-3513-6979，e-mail：info@jcopy.or.jp）の許諾を得てください．

化学の要点シリーズ

日本化学会 編／全50巻刊行予定

❶ 酸化還元反応
佐藤一彦・北村雅人著‥‥‥‥本体1700円

❷ メタセシス反応
森 美和子著‥‥‥‥‥‥‥‥本体1500円

❸ グリーンケミストリー
社会と化学の良い関係のために
御園生 誠著‥‥‥‥‥‥‥‥本体1700円

❹ レーザーと化学
中島信昭・八ッ橋知幸著‥‥‥本体1500円

❺ 電子移動
伊藤 攻著‥‥‥‥‥‥‥‥‥本体1500円

❻ 有機金属化学
垣内史敏著‥‥‥‥‥‥‥‥‥本体1700円

❼ ナノ粒子
春田正毅著‥‥‥‥‥‥‥‥‥本体1500円

❽ 有機系光記録材料の化学
色素化学と光ディスク
前田修一著‥‥‥‥‥‥‥‥‥本体1500円

❾ 電 池
金村聖志著‥‥‥‥‥‥‥‥‥本体1500円

❿ 有機機器分析
構造解析の達人を目指して
村田道雄著‥‥‥‥‥‥‥‥‥本体1500円

⓫ 層状化合物
高木克彦・高木慎介著‥‥‥‥本体1500円

⓬ 固体表面の濡れ性
超親水性から超撥水性まで
中島 章著‥‥‥‥‥‥‥‥‥本体1700円

⓭ 化学にとっての遺伝子操作
永島賢治・嶋田敬三著‥‥‥‥本体1700円

⓮ ダイヤモンド電極
栄長泰明著‥‥‥‥‥‥‥‥‥本体1700円

⓯ 無機化合物の構造を決める
X線回析の原理を理解する
井本英夫著‥‥‥‥‥‥‥‥‥本体1900円

⓰ 金属界面の基礎と計測
魚崎浩平・近藤敏啓著‥‥‥‥本体1900円

⓱ フラーレンの化学
赤阪 健・山田道夫・前田 優・永瀬 茂著
‥‥‥‥‥‥‥‥‥‥‥‥‥‥本体1900円

⓲ 基礎から学ぶケミカルバイオロジー
上村大輔・袖岡幹子・阿部孝宏・闐闐孝介
中村和彦・宮本憲二著‥‥‥‥本体1700円

⓳ 液 晶
基礎から最新の科学とディスプレイテクノロジーまで
竹添秀男・宮地弘一著‥‥‥‥本体1700円

⓴ 電子スピン共鳴分光法
大庭裕範・山内清語著‥‥‥‥本体1900円

㉑ エネルギー変換型光触媒
久富隆史・久保田 純・堂免一成著
‥‥‥‥‥‥‥‥‥‥‥‥‥‥本体1700円

㉒ 固体触媒
内藤周弌著‥‥‥‥‥‥‥‥‥本体1900円

㉓ 超分子化学
木原伸浩著‥‥‥‥‥‥‥‥‥本体1900円

㉔ フッ素化合物の分解と環境化学
堀 久男著‥‥‥‥‥‥‥‥‥本体1900円

【各巻：B6判・並製・94〜224頁】 **共立出版** ※税別本体価格※
（価格は変更される場合がございます）